纺织与服装专业
新形态教材系列

# 服装材料基础

Fundamentals of Clothing Materials

王胜伟　吴训信　孙路苹　主编

化学工业出版社

·北京·

# 内容简介

本书从服装材料概述、服装材料的基础知识、常用服装面料、服装材料的鉴别、服装材料的染整、服装面料选配、服装辅料等方面进行了详细的阐述与分析，明确了服装材料在服装设计与制作中的意义及作用，旨在帮助读者了解和掌握服装材料的特性、分类、应用等方面的知识。

本书通过简洁明了的文字和大量的图表、案例，生动形象地展示服装材料的特性和性能。本书可作为高职院校服装相关专业的教材，也适合服装设计师、纺织行业从业者等对服装材料基础知识有需求的人群阅读参考。

图书在版编目（CIP）数据

服装材料基础 / 王胜伟，吴训信，孙路苹主编. 北京：化学工业出版社，2024.12 -- （纺织与服装专业新形态教材系列）. -- ISBN 978-7-122-34607-0

Ⅰ．TS941.15

中国国家版本馆CIP数据核字第2024B5X634号

责任编辑：徐　娟　　　文字编辑：冯国庆　　　装帧设计：中海盛嘉
责任校对：宋　玮　　　　　　　　　　　　　　封面设计：王晓宇

出版发行：化学工业出版社（北京市东城区青年湖南街13号　邮政编码100011）
印　　装：河北京平诚乾印刷有限公司
787mm×1092mm　1/16　印张9　字数200千字　2025年1月北京第1版第1次印刷

购书咨询：010-64518888　　　　　　　　　　售后服务：010-64518899
网　　址：http://www.cip.com.cn
凡购买本书，如有缺损质量问题，本社销售中心负责调换。

定　　价：58.00元　　　　　　　　　　　　　　　版权所有　违者必究

# 前言

服装材料是时尚的基石，它承载了设计理念、审美标准和工艺技术的精髓。在当今的时尚领域，材料的选择与创新对服装的设计和风格有着至关重要的影响。本书详细介绍了各种纤维、纱线、面料以及辅料的基本性质、特点和用途。此外，本书还介绍了一些新兴的、具有创新性和可持续性的服装材料，让读者了解到材料的选择和创新是如何在当今的时尚界产生深远影响的。

在编写本书的过程中，我们力求做到内容全面、深入浅出、理论与实践相结合。全书共包含7个项目，分别为：项目1服装材料概述，主要介绍服装材料的概念与分类、历史与发展和服装材料的重要性及意义；项目2服装材料的基础知识，主要介绍服装用纤维、纱线和织物结构；项目3常用服装面料，主要介绍机织面料、针织面料、非织造布、毛皮与皮革以及其他面料；项目4服装材料的鉴别，主要介绍服装材料的原料鉴别方法，熟悉正反面的鉴别方法、经纬向和纵横向的确定方法以及倒顺的识别方法；项目5服装材料的染整，主要介绍服装材料的预处理、染色、印花和服装面料的后整理；项目6服装面料选配，主要介绍服装面料选配的基本要求、方法以及对于不同类别的服装面料如何进行选配；项目7服装辅料，主要介绍服装里料、服装衬料、服装垫料、服装絮填料、服装系扣材料、服用缝纫线、服用商标标识以及服用装饰辅料等。此外，本书还通过丰富的实例和案例分析，帮助读者更好地理解服装材料在设计与制作过程中的重要性。

本书由嘉兴职业技术学院王胜伟、广州女子职业技术学院吴训信、嘉兴职业技术学院孙路苹主编，参加编写的还有夏如玥、杨妍、吴艳、翟嘉艺等。全书由王胜伟负责编排与统稿，其中项目1、项目7由王胜伟编写，项目4由王胜伟、吴训信、杨妍、吴艳、翟嘉艺编写，项目2、项目5由孙路苹编写，项目3、项目6由吴训信、夏如玥编写。此外，还要感谢苏州大学李正教授、南京传媒学院曲艺彬老师以及苏州大学刘婷婷博士、王巧博士、林艺涵同学为本书的撰写提供大量的资料，在此表示真挚的感谢。在本书的编写过程中还得到了嘉兴职业技术学院、苏州大学艺术学院、广州女子职业技术学院、湖南民族职业学院的领导和部分老师的大力支持，在此深表感谢。

由于编者的水平有限，书中难免有遗漏与不足之处，恳请专家、读者批评指正，以便再版时加以修正。

编者

2024年10月

# 目录

**项目1** 服装材料概述 ························· 1

  任务1.1 服装材料的概念与分类 ················· 2

  任务1.2 服装材料的历史与发展 ················· 8

  任务1.3 服装材料的重要性及意义 ················ 11

**项目2** 服装材料的基础知识 ····················· 15

  任务2.1 服装用纤维 ························ 16

  任务2.2 服装用纱线 ························ 22

  任务2.3 服装用织物结构 ···················· 25

**项目3** 常用服装面料 ························· 29

  任务3.1 机织面料 ·························· 30

  任务3.2 针织面料 ·························· 34

  任务3.3 非织造布 ·························· 38

  任务3.4 毛皮与皮革 ························ 40

  任务3.5 其他面料 ·························· 47

**项目4** 服装材料的鉴别 ······················· 51

  任务4.1 服装材料的原料鉴别方法 ··············· 52

  任务4.2 服装材料正反面的鉴别方法 ············· 56

  任务4.3 服装材料经纬向和纵横向的确定方法 ······· 58

  任务4.4 服装面料倒顺的识别方法 ··············· 59

## 项目5　服装材料的染整 ··· 63

- 任务5.1　服装材料的预处理 ··· 64
- 任务5.2　服装材料的染色 ··· 71
- 任务5.3　服装材料的印花 ··· 77
- 任务5.4　服装材料的后整理 ··· 80

## 项目6　服装面料选配 ··· 87

- 任务6.1　服装面料选配的基本要求 ··· 88
- 任务6.2　服装面料选配的方法 ··· 90
- 任务6.3　不同类别的服装面料选配 ··· 94

## 项目7　服装辅料 ··· 100

- 任务7.1　服装里料 ··· 101
- 任务7.2　服装衬料 ··· 107
- 任务7.3　服装垫料 ··· 113
- 任务7.4　服装絮填料 ··· 116
- 任务7.5　服装系扣材料 ··· 119
- 任务7.6　服用缝纫线 ··· 127
- 任务7.7　服用商标标识 ··· 130
- 任务7.8　服用装饰辅料 ··· 133

## 参考文献 ··· 138

## 教学内容及课时安排

| 项目/课时 | 任务 | 课程内容 |
|---|---|---|
| 项目1 服装材料概述（4课时） | 1.1 | 服装材料的概念与分类 |
| | 1.2 | 服装材料的历史与发展 |
| | 1.3 | 服装材料的重要性及意义 |
| 项目2 服装材料的基础知识（8课时） | 2.1 | 服装用纤维 |
| | 2.2 | 服装用纱线 |
| | 2.3 | 服装用织物结构 |
| 项目3 常用服装面料（10课时） | 3.1 | 机织面料 |
| | 3.2 | 针织面料 |
| | 3.3 | 非织造布 |
| | 3.4 | 毛皮与皮革 |
| | 3.5 | 其他面料 |
| 项目4 服装材料的鉴别（4课时） | 4.1 | 服装材料的原料鉴别方法 |
| | 4.2 | 服装材料正反面的鉴别方法 |
| | 4.3 | 服装材料经纬向和纵横向的确定方法 |
| | 4.4 | 服装面料倒顺的识别方法 |
| 项目5 服装材料的染整（6课时） | 5.1 | 服装材料的预处理 |
| | 5.2 | 服装材料的染色 |
| | 5.3 | 服装材料的印花 |
| | 5.4 | 服装材料的后整理 |
| 项目6 服装面料选配（8课时） | 6.1 | 服装面料选配的基本要求 |
| | 6.2 | 服装面料选配的方法 |
| | 6.3 | 不同类别的服装面料选配 |
| 项目7 服装辅料（8课时） | 7.1 | 服装里料 |
| | 7.2 | 服装衬料 |
| | 7.3 | 服装垫料 |
| | 7.4 | 服装絮填料 |
| | 7.5 | 服装系扣材料 |
| | 7.6 | 服用缝纫线 |
| | 7.7 | 服用商标标识 |
| | 7.8 | 服用装饰辅料 |

注：各院校可根据自身的教学特点和教学计划对课程时数进行调整。

# 项目 1
# 服装材料概述

| | |
|---|---|
| **教学内容** | 服装材料的概念与分类;服装材料的历史与发展;服装材料的重要性及意义。 |
| **知识目标** | 掌握服装材料的基本概念、分类和特性;了解服装材料的演变历程及发展趋势;理解服装材料在服装设计与制作中的关键作用。 |
| **能力目标** | 能根据服装材料的用途和属性进行分类;能发现和探索新型服装材料;能判断材料的质量和适用性。 |
| **思政目标** | 弘扬中华优秀传统文化,引导学生树立正确的价值观和职业素养,培养其良好的团队协作和沟通能力。 |

服装材料是指构成服装的一切材料，是服装制作的物质基础。服装材料是服装设计的重要因素之一，它的选择与运用直接影响到服装的外观、舒适度、保暖性以及成本等因素。因此，了解和掌握服装材料的基本知识对于服装设计来说是至关重要的。

一般来说，服装材料可以分为天然纤维和化学纤维两大类。天然纤维是指从自然界中获取的纤维，如棉、麻、毛、丝等；化学纤维是指通过化学加工方法制成的纤维，如涤纶、锦纶、氨纶等。

不同的纤维具有不同的特性，因此适用于不同的服装制作需求。例如，棉纤维柔软、吸湿性好，适合制作夏季服装；毛纤维保暖性好，适合制作冬季服装；涤纶纤维耐磨、耐热、耐腐蚀，适合制作运动服装等。

除了纤维的种类外，服装材料的选择还涉及织物的组织结构、厚度、重量、透气性、保暖性等因素。这些因素同样会影响到服装的外观、舒适度和性能。因此，在选择服装材料时，需要综合考虑多种因素，以达到最佳的设计效果。

总之，服装材料是服装设计的基础，选择合适的材料对于提高服装的品质和性能至关重要。随着科技的不断发展，新型的服装材料也不断涌现，为设计师提供了更多的选择和创意空间。

## 任务1.1　服装材料的概念与分类

服装材料是用于制作服装的各种材料的总称。它是服装制作的物质基础，决定着服装的外观、舒适度、保暖性、耐用性等方面的性能。服装材料的选择对于服装的品质和性能至关重要。设计师需要根据不同的需求选择合适的材料，以达到最佳的设计效果。

### 1.1.1　服装材料的概念

服装材料包括构成服装的所有材料，以及服装制作过程中的一切材料，可分为服装面料和服装辅料。服装面料是指制作服装时主要使用的材料，服装辅料是指为辅助服装的加工和穿着效果而使用的材料。

服装面料通常包括棉、麻、丝、毛、涤纶、锦纶等，服装辅料包括里料、衬料、纽扣、拉链等。这些面料和辅料在服装设计和制作中起着非常重要的作用，会影响到服装的外观、舒适度和耐用性。

在选择服装材料时，需要考虑材料的舒适性、耐用性、环保性、美观度等多方面因素。同时，不同的服装款式和用途也需要选择不同的面料和辅料。因此，对于服装行业的从业者来说，了解和掌握服装面料和辅料的选择和使用是非常重要的。

## 1.1.2 服装材料的分类

服装材料的种类繁多，为了系统地了解服装材料，在服装设计与制作中更好地选择和运用服装材料，对其进行如下分类。

### 1.1.2.1 按服装材料的用途分类

按服装材料的用途，一般可分为服装面料和服装辅料。

**（1）服装面料**

服装面料是指构成服装表面的主要用料，对服装造型、外观风格及服用性能起主要作用，如精纺毛呢西装所用的纯羊毛精纺面料，毛皮服装所用的毛皮、皮革。

服装面料能体现服装的总体特征，包括服装的造型、风格、性能等。在设计服装的造型时，应充分考虑不同服装面料的造型特征。轻盈、飘逸的服装造型，应选择轻薄、柔软的服装面料；柔软、悬垂的服装造型，应选择柔软、悬垂性好的服装面料；平直、挺拔的服装造型，应选择细腻、柔和、挺括的服装面料；合体、紧身的服装造型，应选择柔软、伸缩性好的服装面料。只有合理选择能够表现服装造型风格的面料，才能使服装的设计构思通过服装面料真正体现出来。

在塑造服装的风格时，应考虑到不同服装面料的外观风格，包括色彩、图案、光泽、表面肌理、质地、造型能力等给人的不同感觉，形成各种不同的服装风格。对于不同的服装风格，应选择不同的服装面料。如设计自然、朴素、粗犷的服装风格，应选择光泽较弱、朴实粗犷、原始风格的服装面料；设计精巧、细致、端庄的服装风格，应选择色光优雅、平整细洁、高雅风格的服装面料；设计悠然、闲适、自在的服装风格，应选择柔软舒适、随意风格的服装面料。

服装面料不仅要满足服装外在美的要求，而且要满足服装内在性能的要求，达到完美的统一。不同种类的服装对面料性能的要求是不同的，有的以舒适为主，有的强调坚牢耐用，有的注重华丽的外观。根据不同的性能要求，服装面料可以分为以下几类（表1-1）。

表1-1 按不同性能要求服装面料的类别

| 名称 | 说　明 |
| --- | --- |
| 内衣面料 | 要求柔软、舒适、透气性好。常见的内衣类面料有棉、麻、丝绸等 |
| 外衣面料 | 要求挺括、透气性好、色彩鲜艳。常见的外衣类面料有棉、毛、丝绸、化纤等（图1-1） |

续表

| 名称 | 说　明 |
|---|---|
| 童装面料 | 一般注重安全性、舒适性、环保性、耐久性和美观性等方面，根据不同的季节和场合选择合适的面料。常见的童装一般选择带有卡通图案、色彩明快、柔软稀松的面料 |
| 运动装面料 | 要求轻便、透气性好、耐磨、快干等特性。常见的运动装面料有涤纶、锦纶、氨纶等（图1-2） |
| 职业装面料 | 职业装面料的选择因职业和场合的不同而有所差异，注重舒适性、耐用性、外观和安全性等方面。常见的职业装面料有涤纶、混纺等（图1-3） |
| 礼服面料 | 礼服面料的选择注重高级感、光泽感、柔软感、抗皱性等方面，需要根据具体的场合和用途选择合适的款式进行搭配，确保礼服的得体性和专业性。常见的礼服面料有丝绸、化纤等（图1-4） |
| 特殊功能面料 | 具有特殊功能，如防水、抗菌、保暖等。常见的特殊功能面料有防水透气的膜材料、保暖的羽绒等 |

图1-1　外衣面料（牛仔）

图1-2　运动装面料

图1-3　职业装面料

图1-4　礼服面料

因此，服装面料应能够满足各种各样服装的要求，能够塑造各种各样风格、形象的服装，体现服装不同的外观和内涵，满足人们对服装舒适、美观和实用的需求。

（2）服装辅料

服装辅料是指构成服装时，除面料以外的所有用料。服装辅料的种类很多，不同的服装辅料有不同的作用。服装辅料包括里料、衬料、垫料、絮填料、纽扣和拉链及绳带等系扣材料、缝纫线、商标带、号型尺码带、成分标签、使用说明牌和各种包装材料、花边及亮片等装饰材料等（图1-5～图1-14）。

图1-5　里料

图1-6　衬料

图1-7　垫料（肩垫）

图1-8　絮填料（羽绒）

图1-9　系扣材料（盘扣）

图1-10　缝纫线

图1-11 商标标识

图1-12 服用装饰辅料

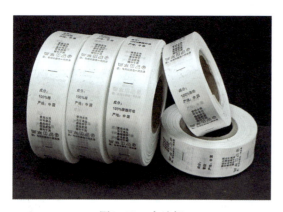

图1-13 水洗标

图1-14 珍珠花边

　　随着服装的发展，辅料的作用越来越重要，服装的许多造型和风格需要辅料的配合来实现。如轻薄型的西装，除了选择轻薄、细腻、高雅、时尚的服装面料外，还必须选择较流行的轻薄、柔软、光滑的里料和轻巧柔软、造型性能好的衬垫料，才能达到设计的最佳效果。

　　对于服装辅料，必须根据服装面料的特点、服装的要求进行选择，必须与服装面料相协调，否则，不但不能发挥服装辅料应有的作用，还将破坏服装的整体效果。如对于高档的皮革服装，如果采用低档的里料必定降低服装的档次，使服装应有的形象受到损害；对于用轻薄柔软面料制作的服装，如果采用厚实挺括的衬料、垫料，不但达不到服装造型的目的，反而会破坏服装的形象；对于朴素、自然、乡村风格的服装，如果选择具有浓郁乡村气息的蓝靛花布，却采用精致、华丽的纽扣，也达不到服装设计的最佳效果。

　　因此，服装辅料虽然对服装的构成起辅助作用，但是对服装特别是现代服装来说，却不可忽视。

## 1.1.2.2 按服装材料的属性分类

按服装材料的属性，一般可分为纤维制品、裘革制品及其他制品（图1-15）。

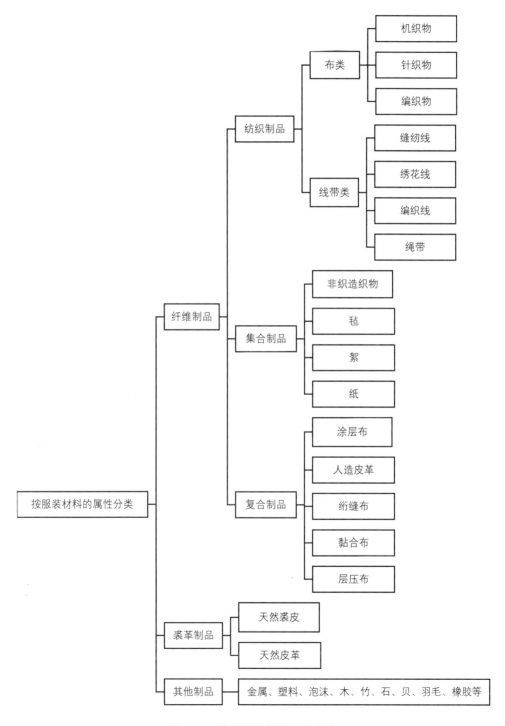

图1-15 按服装材料的属性分类

用于服装面料的材料主要有机织物、针织物，还有少量的编织物、非织造织物和复合织物等纤维制品以及天然裘皮和皮革制品。

纤维制品也是服装辅料的主要材料，如机织物、针织物的里料，机织物、针织物及非织造织物的衬料等。

裘革制品在服装里料中也有一些应用，如羊羔皮里子，也可用于服装的局部装饰，如衣领、袖口、下摆等。

其他制品大多用于服装辅料，如纽扣、拉链、吊牌及包装材料等，也用于服装面料，如雨衣的塑料薄膜、泡沫制品的复合面料。

## 任务1.2 服装材料的历史与发展

服装材料的历史可以追溯到远古时期，人们使用天然纤维如兽皮、羽毛、树叶等来制作衣物。随着技术的进步，人们开始种植棉花、亚麻等植物，并从中提取纤维用于纺织。到了工业革命时期，化学纤维开始出现，如人造丝、锦纶等，这使得服装材料更加多样化。如今，随着科技的不断发展，新型的服装材料不断涌现，如智能纤维、生物降解纤维等，这些材料具有更好的性能和环保性。未来，服装材料的发展将更加注重功能性、舒适性和可持续性，以满足人们不断变化的需求。

### 1.2.1 服装材料的历史

在距今约40万年前的旧石器时代，人类就开始使用动物的毛皮和树叶包裹身体，以达到御寒蔽体的目的。考古发现，早在18000年前的旧石器时代，山顶洞人已经开始使用骨针缝缀兽皮，这是目前已知的人类最早利用实用工具进行缝纫活动的实例。这一时期的缝纫技术虽然原始，但已经显示了人类对衣物制作的基本需求和初步尝试。麻类纤维是最初被人类所利用的植物纤维，在公元前5000年，埃及人开始利用亚麻纤维，中国最早在公元前4000年的新石器时代将苎麻作为纺织原料。中美洲早在公元前7000年已经开始利用棉花，公元前3000年印度开始使用棉花，中国则至少在2000年前，在现今的广西、云南、新疆等地区利用棉纤维。中国是著名的丝绸发源地，据《诗经》《礼仪》等古书记载，早在商周时代就有了绫、罗等丝织物，大约在2300年前"制丝"技术已日趋成熟，不仅广泛应用和盛行于当时的中国，还远销东南亚和欧洲，创造了举世闻名的"丝绸之路"。公元前2000多年，古代美索不达米亚地区已经开始利用动物的兽毛，其中主要是羊毛。此时，已开始从自然界获得染料，对织物进行染色。棉、麻、丝、毛这四大天然纤维的发现和利用，不仅标志着服装材料的发展进入一个新阶段，而且在人类社会发展史和人类自身进化史上都具有相当深远的历史意义。直至今日，这些天然纤维仍然是人类主要的服装原料。

继天然纤维工业实现机械化之后，在服装材料的发展历史上的另一个划时代变革是化学纤维的发明和利用。1664年，英国人罗伯特·胡克（Robert Hooke）在研究录《显微术》（*Micrographia*）中就有关于人造纤维的构想；19世纪末生产出黏胶长丝；1938年美国杜邦公司宣布了锦纶（PA）的诞生；1946年杜邦公司开始工业化生产聚酯纤维（涤纶）；1950年美国开始生产聚丙烯腈纤维（腈纶），1956年又获得了弹力纤维（氨纶）的专利权。到了20世纪60年代初，随着技术的进步和产量日益提高，化学纤维的性能被不断改善，生产成本不断降低，从而具有相当的市场竞争力，直接促进了现代服装业的发展。

## 1.2.2 服装材料的发展

科学技术的飞速发展和社会观念的巨大变革，使人们对服装材料的要求与过去相比有了较大的变化。现代人对服装的要求不仅仅是掩体遮羞、御寒保暖，更多的是一种文化艺术和礼仪礼貌的体现。服装材料是从低级、单一型向高级、多样化发展的，可以说服装材料的发展是人类文明进步的象征。近几十年来，化学纤维从无到有，再到与天然纤维平分秋色，改变了千百年来服装材料的格局。同时各种服装材料也随着科技的进步得到了飞速发展，金属、塑料等新型材料和新型工艺也大大地丰富了服装材料。

服装材料的发展主要体现在以下几个方面。

### 1.2.2.1 服装原材料的发展

服装原材料的发展经历了多个阶段，从最初的天然纤维到现代的化学纤维，再到高技术材料，以及注重环保和健康的材料。自棉、麻、毛、丝这四大天然纤维的使用，人类服装材料的应用和服饰文化才真正开始，逐渐地，服装在人类生活中也占有越来重要的地位，对人类文明的发展和进步起到了极大的推动作用。从20世纪初开始，黏胶纤维、锦纶、腈纶、涤纶、氨纶等相继问世，彻底改变了纺织纤维材料完全依赖农牧业产品的历史。此后，化学纤维技术不断发展，随着纺织工业和化学纤维的广泛应用，人们在纤维的使用过程中也认识到了天然纤维和人造纤维的不足，把天然纤维和人造纤维混合纺纱和交织使用，从而达到相互取长补短的效果，提升了服装材料为人类服务的效果。

### 1.2.2.2 服装材料技术的发展

服装材料技术的发展是一个不断创新和进步的过程，经历了多个阶段，每个阶段都伴随着新材料、新技术和新工艺的出现。最初，人们利用天然纤维如棉、毛、丝、麻等来制作服装。这些天然纤维具有良好的透气性和吸湿性，穿着舒适，但也有一些缺点，如易变形、易磨损等。19世纪末，随着工业革命的到来，人造纤维被研发出来，如黏胶纤维、合成纤维等。这些化学纤维具有优良的物理性能和化学稳定性，能够满足不同服装的需求，同时也降低了成本，推动了服装产业的快速发展。20世纪60年代，人们开始研究并开发出一些高科技纤维，如碳纤维、玻璃纤维、芳纶等。这些高科技纤维具有优异的力学性能和耐高温、耐腐蚀等特点，被广泛应用于特种服装、航空航天、体育器材等领域。近年来，随着科技的进步，服装材料技术的发展主要集中在环保材料的应用、功能性材料的创新、高科技材料的融合、材料的可持续发展与生态友好性以及个性化与定制化趋势等方面。这不仅推动了服装行业的创新发展，也为消费者提供了更多元化、更高品质的服装选择。

总之，服装材料技术的发展是一个不断创新和进步的过程，新材料、新技术和新工艺的不断涌现，为服装产业的发展提供了强大的支撑和动力。未来，随着科技的进步和人们对服装舒适性、功能性需求的不断提高，服装材料技术将迎来更多的创新和突破。

### 1.2.2.3　服装辅料的发展

服装辅料的发展也是伴随着服装产业的发展而不断进步的。服装辅料作为服装的重要组成部分，其发展历程也经历了多个阶段。早期，服装辅料主要以天然材料为主，如纽扣、拉链等通常由皮革、木头、骨头等制成。随着化学纤维和塑料工业的发展，人造材料开始广泛应用于服装辅料的生产中，如塑料纽扣、合成拉链等。这些新材料具有成本低、生产效率高、耐用性好等优点，推动了服装辅料行业的快速发展。近年来，随着消费者对服装品质和个性化的要求不断提高，服装辅料行业也在不断创新和进步。一方面，服装辅料企业开始注重产品研发和设计，推出更加多样化、个性化的辅料产品，以满足不同消费者的需求。另一方面，服装辅料企业开始关注环保和可持续发展，积极推广环保材料和绿色生产工艺，以减少对环境的污染和破坏。此外，随着电子商务和互联网技术的发展，服装辅料行业也迎来了新的发展机遇。线上销售和物流配送的便利使得服装辅料企业能够更加快速、准确地把握市场需求和消费者需求，及时调整产品结构和生产策略。同时，互联网技术的普及也使得服装辅料企业能够更加便捷地进行品牌推广和营销，提高品牌知名度和市场竞争力。

总之，服装辅料的发展是一个不断创新和进步的过程，其发展历程伴随着新材料、新技术和新工艺的出现。未来，随着消费者对服装品质和个性化的要求不断提高，以及环保和可持续发展理念的深入人心，服装辅料行业也将迎来新的挑战和机遇。服装辅料企业需要不断创新和改进，以满足市场需求和消费者需求，同时需要注重环保和可持续发展，推动行业的健康、绿色发展。

### 1.2.2.4　新型服装材料的发展

新型服装材料的发展是一个融合了科技创新、环保理念和时尚设计的综合过程。随着科技的进步和消费者对服装性能要求的提高，新型服装材料在可持续性、功能性、智能化等方面取得了显著进展。新型服装材料越来越注重环保和可持续性。这些材料通常来源于可再生资源，如竹子、玉米等，不仅生产过程环保，而且在使用寿命结束后还能自然降解。此外，新型服装材料还通过采用循环再利用的生产方式，减少资源消耗和环境污染。新型服装材料不仅注重保暖、透气、舒适等基本性能，而且具备防水、抗菌、防辐射等特殊功能。这些功能性材料能够满足不同消费者的个性化需求，提升服装的实用性和舒适性。随着物联网、人工智能等技术的发展，新型服装材料也开始融入智能化元素。例如，智能纤维能够感知外界环境、温度、湿度等信息，并通过智能控制系统实现对服装的自动调节，如自适应温度、透气性能等（图1-16）。这种智能化服装材料为人们的生活带来更多的便利和安全。在原有的人造纤维素纤维、再生蛋白质纤维等材料的基础上，新型服装材料不断涌现。例如，异性纤维、复合纤维、高收缩纤维等的研发和应用，进一步丰富了服装材料的种类和性能。

图1-16　被动智能纺织面料——温变防水

总之，新型服装材料的发展是一个不断创新和进步的过程，注重环保、功能性和智能化。随着科技的进步和消费者对服装性能要求的提高，新型服装材料将迎来更多的创新和突破，为服装产业的发展注入新的活力。

Anrealage
光感面料

# 任务1.3　服装材料的重要性及意义

服装材料在服装产业和人们的日常生活中具有不可替代的重要性和意义。服装材料是构成服装的基础和载体，是服装设计的关键要素。无论是色彩、款式还是风格，都需要依赖合适的材料来实现。服装材料的质量和性能直接影响到服装的服用性能、外观形态、保养和价格等方面。此外，服装材料还是实现服装设计理念的关键因素。设计师需要依靠材料来实现自己的设计创意，好的设计并不是材料的堆砌，而是材料的创新和款式的完美结合。通过巧妙地运用材料，设计师可以创造出丰富多彩的视觉效果，展现服装的独特风格和魅力。

## 1.3.1 服装材料的重要性

服装材料在服装设计和制作中扮演着至关重要的角色。服装材料的重要性体现在以下几个方面。

### 1.3.1.1 构成服装的基础

服装材料是服装构成三要素（色彩、款式和材料）之一，是服装设计和制作的基础，服装的款式和色彩也是通过适当的材料来实现的。没有适当的材料，设计师的理念和创意将难以实现。如图1-17所示，设计师想要创作一套以"自然与和谐"为主题的时装。设计师的创意理念是通过服装表达人类与自然环境之间的紧密联系，展现一种回归自然、追求和谐的生活方式。为了实现这一创意，设计师选择了棉织物，为了增强服装的艺术感和文化内涵，设计师在服装上运用了草木染工艺，不仅丰富了服装的视觉效果，而且进一步强调了设计师想要传达的自然与和谐的主题。

图1-17 以"自然与和谐"为主题的时装

### 1.3.1.2 影响服装的服用性能

服装材料对服装的服用性能起着至关重要的作用。良好的材料可以保证服装的舒适性、保暖性、透气性、吸湿性、抗皱性等，使服装更加符合人体的需求，提高穿着体验。例如运动员所穿着的服装，为了保持运动员在运动过程中的舒适感，通常会选择轻质、透气且能快速排汗的面料，如涤纶或锦纶等化学纤维。这些材料能够有效地排汗，防止湿气滞留在服装内部，从而保持身体干爽。对于户外探险服装，如登山服或雨衣，服装材料的选择更加关键。登山服通常需要具备防风、防寒、防水和透气等多重功能，因此设计师可能会选择具有特殊涂层或膜技术的面料。

### 1.3.1.3 影响服装的外观形态

服装材料的选择和搭配直接影响着服装的外观形态。不同的材料具有不同的质地、光泽和纹理，这些都会影响到服装的整体效果和视觉效果。丝绸是一种光滑、柔软且富有光泽的材料。当用于制作晚礼服时，丝绸的这些特性使得服装呈现出一种华丽、高雅的外观。在灯光下，丝绸的光泽增强，使得穿着者显得更加耀眼。这种材料的选择为晚礼服增添了优雅和奢华的气质（图1-18）。针织面料是一种由线圈相互连接而成的材料，具有柔软、透气且富有弹性的特性（图1-19）。当用于制作运动装时，针织面料的这些特性使得服装呈现出一种轻松、舒适的外观，其柔软的质地和贴合身形的设计使得运动装更加适合运动时穿着，同时展现出时尚、充满活力的风格。

图1-18　丝绸面料制作的晚礼服　　　　图1-19　针织面料制作的服装

### 1.3.1.4　影响服装的保养和价格

服装材料的耐用性和保养也直接影响到服装的质量和使用寿命。一些材料如棉、麻等天然纤维具有较好的耐穿性，而化学纤维如锦纶、聚酯纤维等具有较好的耐磨性和抗皱性。此外，不同材料的保养方式也不同，例如丝绸需要轻柔手洗，而棉质服装可以机洗。服装材料的价格和质量也直接影响到服装的经济价值。优质的材料如羊毛、丝绸等价格较高，但可以提升服装的档次和附加值；化学纤维材料的价格相对较低，适合制作普通日常服装。

### 1.3.1.5　影响服装发展的进程

随着科学技术的日益提高，人们的生活方式及生活理念发生转变，生活品质、环保意识不断提高，现如今人们对服装材料的要求与过去相比也有了较大的变化，涌现出大量的新材料，如防水透湿面料以及阻燃、隔热、防辐射、抗静电等面料，为舒适服装、健康服装、卫生服装和防护服装等功能服装的生产提供了新材料。因此，服装材料的更新不断推动着服装发展的进程。

## 1.3.2 服装材料的意义

服装材料的意义体现在以下多个方面。

① 对于服装设计人员而言,了解服装材料的结构和性能,可以针对不同材质的面料表现出不同的设计特点,使设计作品呈现别具一格的面貌。

② 随着服装设计的不断发展,服装行业已经进入以材取胜的时代,服装材料直接影响着服装的艺术性、技术性、实用性、经济性和流行性。

③ 随着人类涉足的地理空间范围不断扩大,人们接触到的天然和人为气候条件更为恶劣,这就需要在正确的服装材料学理论指导下开发特殊用途的服装材料,以提高在恶劣环境下的工作效率。

④ 开发出具有不同使用要求的休闲和运动服装所用的衣料,可提高运动员的竞技水平,保障人们的身心愉快和人身安全。

随着环保和可持续发展理念的普及,服装材料的选择也具有越来越重要的意义。选择可再生材料、有机纤维和回收材料等,可以减少对环境的影响,推动时尚的可持续发展。服装材料在服装设计、穿着体验、环保和可持续发展以及行业创新等方面都具有深远的意义。正确的材料选择不仅可以提高服装的美观性和舒适性,而且可以满足消费者的个性化需求,推动服装行业的进步和发展。

### 思考题

1. 简述服装材料的分类。
2. 简述服装材料的发展简史。
3. 分析服装材料在服装中的重要性。
4. 学习服装材料的知识有何意义?

### 项目练习

1. 以下适用于礼服的面料是（　　）。
   A. *丝绸*　　　　B. 棉
   C. 麻　　　　　D. 牛仔
2. 以下（　　）材料通常用于制作运动装。
   A. 棉　　　　　B. 丝绸
   C. 锦纶　　　　D. 羊毛
3. 按服装材料的属性分类,一般可分为____、____、____。
4. 中国最早在公元前____年的新石器时代将苎麻作为纺织原料。
5. 中国是著名的*丝绸*发源地,大约在____年前"制丝"技术已日趋成熟。
6. 如何根据服装的用途选择合适的服装材料?
7. 未来服装材料的发展趋势可能包括哪些方面?请提出你的预测和理由。

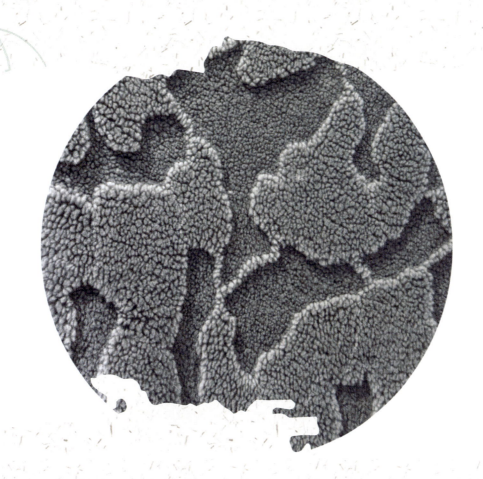

# 项目 2
# 服装材料的基础知识

**教学内容**　服装用纤维；服装用纱线；服装用织物结构。

**知识目标**　掌握服装用纤维、纱线、织物结构的基本概念和分类。

**能力目标**　能根据不同的服装材料判断出所使用的服装用纤维，掌握服装的织物结构。

**思政目标**　提升学生的专业素养和职业技能，同时培养学生的人文关怀能力，使学生在未来职业生涯中不仅能够成为技术能手，更能成为具有人文关怀和社会责任感的职业人。

随着科学技术的进步，服装材料的种类不断增加，但其中主要的还是纺织纤维制品。只有掌握了服装材料的基础知识，才能根据不同材料的特性，更好地运用服装材料进行后续的使用和设计。服装材料的基础知识涉及纤维、纱线和织物结构三个方面。纤维决定了材料的来源和基本性能；纱线是将纤维加工成可用于织造的基本单元；而织物结构则决定了最终服装的外观、手感和穿着性能。了解这些基础知识有助于选择合适的服装材料，以及理解不同材料在服装设计和制作中的应用。本项目将从服装用纤维、服装用纱线、服装用织物结构三个方面展开介绍。

## 任务2.1　服装用纤维

纤维是指直径为数微米至数十微米，长度是直径的千百倍以上的细长物质。纤维的种类很多，但作为服装用纤维必须具备如下性能，才能保证服装材料制作和服装使用的需要：一定范围的粗细程度和长度，一定的强度和可变性，一定的化学稳定性和热稳定性，一定的服用性能如吸湿性等。

### 2.1.1　服装用纤维的分类

服装用纤维包括来源于自然界中的天然纤维和通过科学方法加工获取的化学纤维两大类。

天然纤维是指在自然界中获得的可以直接用于纺织加工的纤维，如植物纤维、动物纤维和矿物纤维；化学纤维是指以天然纤维或合成的聚合物为原料，经过人为加工制造的纤维，包括人造纤维和合成纤维两大类。每类纤维中的具体品种见表2-1。

表2-1　服装用纤维的分类

| | | |
|---|---|---|
| 天然纤维 | 植物纤维 | 韧皮纤维：苎麻、亚麻、黄麻等 |
| | 动物纤维<br>（天然蛋白质纤维） | 动物毛：绵羊毛、山羊毛、山羊绒、骆驼绒、兔毛、牦牛绒等 |
| | | 腺分泌物：桑蚕丝、柞蚕丝、蓖麻蚕丝及木薯蚕丝等 |
| | 矿物纤维 | 石棉等 |
| 化学纤维 | 人造纤维<br>（再生纤维） | 人造纤维素纤维：黏胶纤维、铜氨纤维、富强纤维、竹纤维、醋酯纤维等 |
| | | 人造蛋白质纤维：酪素纤维、大豆纤维、花生纤维等 |
| | | 人造无机纤维：玻璃纤维、金属纤维等 |
| | 合成纤维 | 涤纶、锦纶、腈纶、维纶、氯纶、丙纶、氨纶、芳纶等 |

上述纺织纤维中，服装材料中常用的天然纤维有棉（图2-1）、苎麻（图2-2）、亚麻（图2-3）、绵羊毛（图2-4）、桑蚕丝（图2-5）和柞蚕丝（图2-6），常用的化学纤维有黏胶纤维、涤纶、锦纶、腈纶和氨纶等。各种纤维的命名见表2-2。

图2-1　棉纤维原料

图2-2　苎麻纤维原料

图2-3　亚麻纤维原料

图2-4　绵羊毛纤维原料

图2-5　桑蚕丝纤维原料

图2-6　柞蚕丝纤维原料

表 2-2  各种纤维的命名

| 学名 | 商品名称 | | 市场用名称 |
|---|---|---|---|
| | 短纤维 | 长丝 | |
| 棉纤维 | 棉 | — | 棉 |
| 麻纤维 | 麻 | — | — |
| 毛纤维 | 毛 | — | — |
| 桑蚕丝 | — | 桑蚕丝或真丝 | 真丝 |
| 柞蚕丝 | — | 柞蚕丝或柞丝 | 柞蚕丝或柞丝 |
| 黏胶纤维 | 黏纤 | 黏胶丝 | 黏胶、人造棉、人造毛、人造丝 |
| 富强纤维 | 富纤 | 富强丝 | 富纤丝、虎木棉 |
| 醋酯纤维 | 醋纤 | 醋酯纤 | 醋纤、醋酸纤维 |
| 铜氨纤维 | 铜氨纤 | 铜氨丝 | 铜氨 |
| 聚酯纤维 | 涤纶 | 涤纶丝 | 涤纶、达柯纶 |
| 聚酰胺纤维 | 锦纶 | 锦纶丝 | 锦纶、耐纶 |
| 聚丙烯纤维 | 腈纶 | 腈纶丝 | 腈纶、奥纶 |
| 聚乙烯醇纤维 | 维纶 | 维纶丝 | 维纶、维尼龙 |
| 聚丙烯纤维 | 丙纶 | 丙纶丝 | — |
| 聚氯乙烯纤维 | 氯纶 | 氯纶丝 | 氯纶、天美龙 |
| 聚氨酯纤维 | 氨纶 | 氨纶丝 | 氨纶、弹力纤维 |

## 2.1.2  服装用纤维的结构与性能

### 2.1.2.1  结构

服装用纤维的结构是指纤维中大分子的化学组成、大分子在空间的几何排列位置及尺寸,包括大分子结构、聚集态结构和形态结构。

**(1)大分子结构**

组成纤维的基本单位是高聚合大分子。高聚合大分子是由许多相同或相似的原子团以共价键相互结合而形成的物质。这些相同或形似的原子团称为大分子的基本链节(也叫作单基或基本单元)。纺织纤维的基本链节的数目称为聚合度。一般来说,大分子聚合度高的纤维,拉伸强度较高,伸长变形较小。

### （2）聚集态结构

纤维的性质与纤维的聚集态结构有着密切关系。在纤维中，一部分大分子链段集结在某些区域并呈现伸直、有规律且整齐排列的状态，称为结晶态。纤维中呈现结晶态的区域叫作结晶区。在结晶区内，由于大分子排列比较整齐、密实、缝隙和孔洞较少，大分子之间相互接近的基团结合力达到饱和，因而纤维吸湿较为困难，强度较高，变形较小。在结晶区以外，另一部分大分子段链并不伸直，而是随机弯曲着，排成无规则的状态，称为无定形态。纤维中呈无定形态的区域叫作无定形区域。

在无定形区域内，大分子排列比较紊乱，堆砌比较疏松，有较多的缝隙和孔洞，密度较低，纤维具有易于吸湿、染色并表现出强度低而变形大的特点。在整根纤维中，结晶区与无定形区交叉相间排列，一根纤维大分子链可以贯穿许多结晶区和无定形区。纤维中结晶区所占的比例称为结晶度，它是指纤维中结晶区的质量（体积）占纤维总质量（体积）的比例（%）。结晶度高的纤维具有吸湿少、强度高、变形小的特点。

### （3）形态结构

形态结构是指在光学显微镜下能直接观察到的外观形态，如纤维的纵向形态、截面形状、截面结构及纤维中的微孔和裂缝等。如纤维的纵向形态，有的呈鳞片状（图2-7）或竹节状或有沟槽，还有的呈平滑状；再如纤维截面形状，有的呈圆形（图2-8），有的呈腰圆形或三角形，还有的呈中空形等。纤维的形态结构因纤维品种不同而异，对纤维的力学性质、光泽、手感、吸湿性、保暖性等均有影响，同时可用于鉴别纤维。

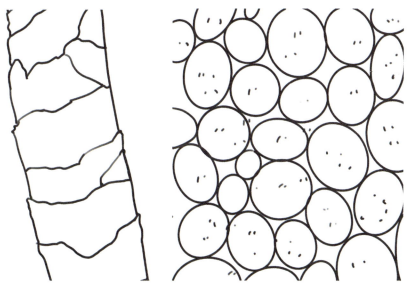

图2-7　鳞片状纵面形态　　　　图2-8　圆形横截面形态

## 2.1.2.2　主要性能

各种纺织纤维种类和形态结构的不同，导致其各有特性，而每个纤维的特性决定了其加工性和服用性的不同。与加工和服用直接相关的纺织纤维的基本性能包括吸湿性、长度、强度、变形与弹性等。

**（1）吸湿性**

吸湿性是指纺织材料及其制品（织物或服装）在空气中吸收或放出水汽的能力。衡量服装材料吸湿性的指标有回潮率和含水率。在我国现行标准中，棉纤维和麻纤维采用含水率作为吸湿指标，其他纤维及其制品均采用回潮率作为吸湿指标。回潮率和含水率计算公式如下。

$$W = \frac{G - G_0}{G_0} \times 100\%$$

$$M = \frac{G - G_0}{G} \times 100\%$$

式中，W为回潮率，%；M为含水率，%；G为纤维实际质量，g；G0为纤维干燥质量，g。

不同纤维的吸湿能力是不同的，即使是在相同的大气条件下，各自的吸湿量也是不同的。纤维的吸湿能力取决于纤维自身分子结构中亲水基团极性的大小和数量的多少，亲水基团的极性越大、数量越多，吸收水分的能力就越强。纤维的吸湿能力还取决于纤维内部分子排列的整齐程度，分子排列整齐紧密，水分子就不容易进入，吸收水分子的能力就弱；此外，纤维的吸湿能力还与表面吸附有关，单位体积纤维所具有的表面积（称比表面积）越大，表面吸附的水汽越多，吸湿能力就越强，即纤维越细，比表面积越大，吸湿量就越多。

回潮率是纺织材料的湿重与干重之差对干重的比例（%）。含水率是指纺织材料的湿重与干重之差对湿重的比例（%）。

服装材料的含湿量会影响材料的质量和性能等，而服装材料的含湿量会受到大气压、温度和湿度等大气条件的影响。为了计重和核价等需要，有关部门对纺织材料的回潮率做了统一规定。

① 标准回潮率。各种纺织材料的回潮率随环境温湿度变化而变化，为了比较各种纺织材料的吸湿能力，将其放在统一的标准大气条件下一定时间，使它们的回潮率达到一个稳定值，称为标准状态下的回潮率，即标准回潮率。一般规定的标准大气条件是温度20℃、相对湿度65%。关于标准状态的规定，国际上是一致的，但各国允许的误差略有不同。

② 公定回潮率。在贸易和成本核算中，纺织材料并不处于标准状态。即使在标准状态下，同一种纤维材料的实际回潮率还与纤维本身的质量和所含杂质有关。为了计重与核价需要，必须对各种纤维材料及其制品的回潮率做统一规定，称为公定回潮率。公定回潮率接近标准状态下的实际回潮率，但不是标准大气条件下的回潮率。

常用纤维的公定回潮率接近于在相对湿度（65±2）%、温度（20±2）℃条件下的所测值，如表2-3所列。

表2-3 常用纤维的公定回潮率

| 纤维类别 | 天然纤维名称 | 公定回潮率/% |
| --- | --- | --- |
| 天然纤维 | 棉 | 8.5 |
| | 羊毛 | 15.0 |

续表

| 纤维类别 | 天然纤维名称 | 公定回潮率/% |
| --- | --- | --- |
| 天然纤维 | 桑蚕丝 | 11.0 |
| | 柞蚕丝 | 11.0 |
| | 亚麻 | 12.0 |
| | 苎麻 | 12.0 |
| 化学纤维 | 黏胶纤维 | 13.0 |
| | 涤纶 | 0.4 |
| | 锦纶 | 4.5 |
| | 腈纶 | 2.0 |
| | 维纶 | 5.0 |
| | 丙纶 | 0 |

从表2-3可以看出，天然纤维和化学纤维中的黏胶纤维的吸湿能力较强。其中羊毛的吸湿能力最佳，因此穿着羊毛纤维的服装人体感觉更为舒适，其次是麻、蚕丝、棉等天然纤维，吸湿好、散热快，也适合贴体穿着，所以多用于内衣及夏季等贴身衣物的服装材料。化学纤维普遍吸湿能力弱，其中丙纶最弱，其材料及材料制品缩水率小，服装易洗快干，但穿着闷热，秋冬季节易产生静电现象。

（2）长度

长度是衡量纺织纤维长短程度的指标。纺织纤维的长度是指纤维在伸直（不拉伸）状态下测量的两端之间的距离。长纤维的法定计量单位是米（m），短纤维则常用毫米（mm）。纤维的长度从几厘米至百米、千米不等。

纤维的长度对纱线和织物的外观、强度和手感等都有影响。一般来说，纤维越长，所制成的纱线和织物品质越优。

① 天然纤维的长度。棉纤维：长绒棉长度为33~45mm，品质优良；细绒棉长度为23~33mm，品质中等。

麻纤维：苎麻单根纤维平均长度为20~250mm，是麻纤维中最长的纤维；亚麻的单根纤维平均长度为10~26mm。

羊毛纤维中，绵羊毛长度为25~250mm，山羊绒平均长度为35~45mm，马海毛平均长度为120~150mm。

蚕丝的一般长度为800~1000mm。蚕丝的长度远大于其他天然纤维的长度，把具有蚕丝一样长度的纤维称为长丝纤维，把具有棉、麻、毛纤维一样长度的纤维称为短纤维。

② 化学纤维的长度。化学纤维根据其用途的不同，可以制成短纤维，也可以制成长纤维。如涤纶服装，若表现为丝绸服装的风格，则涤纶应该制成长丝纤维；若表现为棉

类服装的风格,则涤纶应该制成短纤维。有些化学纤维,如氨纶,始终以长丝的形式被使用,而同样用于服装的腈纶却大多被制成短纤维。

### (3) 强度

衡量纺织材料强弱程度的指标常用强力和强度。

将材料拉伸至断裂时所能承受的最大拉伸力称为拉伸断裂强力,简称强力。强力的法定计量单位为牛(N),在纺织材料中常用厘牛(cN)。

强度通常指纤维材料的断裂强度,也就是单根纤维在拉伸时能承受的最大拉力。在比较不同纤维材料的强度时,通常使用单位长度或单位质量来衡量。纤维强度的标准单位是cN/tex,即每特克斯(每克/千米)纤维所能承受的最大力(以厘牛为单位)。

### (4) 变形与弹性

纺织材料是柔性材料,易变形。衡量纺织材料变形能力及变形恢复能力的指标有断裂伸长率和弹性恢复率。

断裂伸长率指纺织材料被拉伸到断裂时的伸长量对原长度的比例(%)。

弹性恢复率指纺织材料受拉伸变形而伸长(未断裂),除去外力后,因弹性而自然回缩所产生的回缩量对伸长量的比例(%)。

## 任务2.2 服装用纱线

常用的服装材料(机织物、针织物等)是将各类纺织纤维经纺纱加工制成纱线后再经织造制成的。纱线的结构与性能决定了织物的表面特征与性能,因而决定了服装的表面特征与性能。

纱线包括短纤维纱(由棉、毛、麻和各种化纤短纤维加捻制成)和长丝纱(蚕丝及各种化纤长丝)两类。短纤维纱分为单纱和股线,单纱由一股纤维束捻合而成,股线由两根或两根以上的单纱合并后反向加捻而成。短纤维纱按原料构成又可分为纯纺纱和混纺纱。纯纺纱由单一品种的纤维构成,混纺纱由两种或两种以上的纤维混合构成。长丝分为单丝和复丝,单丝由一根长纤维组成,复丝由若干根单丝组成。此外还有具有各种特殊结构和外观的变形纱和花式纱线。

### 2.2.1 短纤维纱

由短纤维经加捻而制成的纱线称为短纤维纱。其中单根无捻的纱或只经一次加捻的纱称为单纱，如棉纱；两根或多根单纱合并再经一次加捻即制成线，如棉双股线（图2-9）。由一种短纤维织组成的纱线称为纯纺纱线；由两种或两种以上短纤维织组成的纱线称为混纺纱线，如涤棉混纺纱（图2-10）。

## 2.2.2 长丝纱

单根长丝纤维或几根长丝纤维织组成长丝纱。其中单根长丝纤维构成的长丝纱称为单丝；几根长丝纤维织组成的长丝纱称为复丝。加有捻度的长丝纱称为捻丝。由两种或两种以上的长丝纱织组成的纱称为混纤纱，如涤纶长丝与棉纱合并加捻形成混纤纱。

无捻长丝纱中各根长丝平行顺直、受力均匀，但横向结构极不稳定，易于拉出、分离。有捻长丝纱的纵、横向结构都很稳定，丝体较硬。长丝纱的特点是强度和均匀度好，可制成较细的纱线，手感光滑、凉爽，光泽亮，但覆盖性较差，多数易起静电。

图2-9 棉双股线

图2-10 涤棉混纺纱线

## 2.2.3 变形纱

在热、机械力或在喷射空气的作用下，化学纤维由伸直变成卷曲的长丝，这种卷曲的长丝称为变形纱。变形纱包括弹力变形纱、膨体变形纱和低弹变形纱三大类。

**（1）弹力变形纱**

弹力变形纱具有优良的弹力变形和恢复性能，蓬松性一般，主要用于弹性织物，以锦纶长丝织物为主（图2-11）。

弹力变形纱的生产方法如下。

① 假捻法。这是最常用的一种方法，加捻、热定型和退捻一步到位。

② 刀口法。这种方法将加热的长丝以紧张状态擦过刀口边缘，纤维贴近刀口的一边受到压缩，而外侧受到拉伸，致使长丝纱在刀口处弯曲而形成卷曲状态。

图2-11 弹力变形纱

③齿轮卷曲法。这种方法将加热的长丝纱通过一组组加热齿轮使长丝变形。

### （2）膨体变形纱

膨体变形纱的主要特点是高度蓬松，有一定的弹性。这类纱主要用于蓬松性远比弹性重要的织物，如毛衣、保暖的袜子、仿毛型针织服装等，腈纶、锦纶、涤纶长丝均可加工成蓬松变形纱，如图2-12和图2-13所示。

图2-12　锦纶高弹力纱

图2-13　锦纶高弹力面料

膨体变形纱的生产方法如下。

① 填塞箱法。这种方法将长丝超喂送入加热的填塞箱内，使纤维自由弯曲，依靠自重处于压缩状态，并进行热定型，从而形成锯齿形的卷曲。

② 喷气法。这种方法将高速气流直接喷向超喂送入的复丝，使纤维分散，迫使一些长丝形成环和圈，最终形成蓬松的、光泽较少的纱。采用这种方法获得的膨体变形纱能呈现短纤维纱的风格。

③ 假编法。采用这种方法长丝被编织成直径狭小的管状织物，织物成卷、热定型，然后拆开。

### （3）低弹变形纱

低弹变形纱的主要特点是具有一定的蓬松度和尺寸稳定性，伸缩性较小，主要用于外衣织物，以涤纶长丝为主，低弹变形纱的生产方法主要是假捻法。长丝经过加捻、热定型、退捻、再经松驰热定型后即制成低弹变形纱。

## 2.2.4　花式纱线

花式纱线是指在纺纱过程中采用特种纤维原料、特种设备和特种工艺，对纤维或纱线进行特种加工而得到的，具有特殊结构和绚丽外观效果的纱线，是一种与众不同的、具有装饰作用的纱线产品。

　　花式纱线结构特殊，各种纤维原料既可以单独使用，也可以混合使用，能够充分发挥各自固有的个性。花式纱线品种繁多，典型的有粗细节、螺旋形、聚结状和毛圈式。花式纱线如图2-14所示。

　　花式纱线可用于织成机织物或针织物，如图2-15所示。花式纱线特殊的结构赋予织物很好的立体视觉效果。近年来花式纱线织物受到服装商的广泛关注。然而，花式纱线织物大部分是不耐用的，穿着时易磨损，纱线易勾出，使得这类织物的使用范围受到一定的限制，例如它不适合用于制作儿童服装或运动服装。

图2-14　花式纱线

图2-15　花式纱线织物

## 任务2.3　服装用织物结构

　　织物是由纤维材料构成的具有一定厚度和柔软性的片状物体。织物根据不同的分类方式主要可分为机织物、针织物及非织造布三大类。按用途分类，可分为服用织物、装饰用织物和产业用织物等。按原料组成分类，可分为棉织物、毛织物、丝织物、麻织物、化纤织物及混纺织物等。

## 2.3.1 织物的主要分类

### （1）机织物

机织物由纵、横排列的两组丝线（纱线）按一定的规律上下交织而成（图2-16）。这两组丝线中，纬线也被称为纵向线，是织物长度方向上的纱线。在织造过程中，经线作为固定的一边，其强度和稳定性要求较高。一般来说，经线负责支撑织物的整体结构和形状。

纬线是指在织物宽度方向上织入的纱线，也称为横向线。纬线的排列和密度决定了织物的外观效果，如纹理、光泽等。同时，纬线的不同选择还能为织物带来不同的颜色和图案效果。

图2-16　机织物

### （2）针织物

针织物是由一组丝线（纱线）相互缠结而成的织物，有经编与纬编两种。图2-17所示是经编织物，图2-18所示是纬编织物。

机织物服装

针织物服装

图2-17　经编织物

图2-18　纬编织物

### （3）非织造布

非织造布也称无纺布，是用黏合法或针刺法等将纤维结为一体的织物，如图2-19所示。

图2-19 非织造布

## 2.3.2 织物的形态

织物的形态用长度、宽度（图2-20）、厚度及密度来表示。

### （1）长度

长度一般用米（m）或码（yd）来表示，工厂及外贸部门常用匹长来表示，1匹为几十米。根据所采用的原料不同，每匹长度不一样，一般棉织物的匹长为30～60m，精梳毛织物的匹长为50～70m，粗纺毛织物的匹长为30～40m，长毛绒和驼绒的匹长为25～35m，丝织物的匹长为20～50m，麻类夏布的匹长为16～35m，化纤布的匹长一般为30～60m。匹长根据织物种类、用途、质量、厚度、织机织轴的卷装容量、印花台板、制衣排料等因素而定。

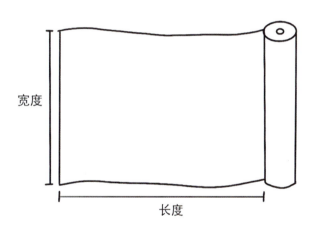

图2-20 面料长度和宽度示意

### （2）宽度

宽度即织物的幅宽或门幅，常以厘米（cm）表示。一般来说，棉织物的幅宽分为80～120cm和127～168cm两大类。精梳毛织物的幅宽为144～149cm。粗梳毛织物的幅宽为143cm、145cm和150cm。长毛绒的幅宽为124cm，驼绒的幅宽为137cm。麻类夏布的幅宽为40～75cm。化纤织物的幅宽为70～140cm。混纺或化纤布的幅宽一般为110～140cm。幅宽根据织物的用途、服装加工、生产设备条件、产量等因素来确定。随着服装工业的发展，幅宽越来越向阔幅方向发展，最大幅宽可达300cm以上。

### （3）厚度

厚度指在一定压力下织物的绝对厚度，以毫米（mm）或厘米（cm）表示。织物的厚度决定织物的风格、保暖性、透气性、悬垂性、质量等服用性能及缝纫工艺、价格核算等。在织物贸易中一般不测其厚度,而是采用织物面密度($g/m^2$)来表示。一般棉织物面密度为70~250$g/m^2$(图2-21),精梳毛织物面密度为130~350$g/m^2$。面密度在195$g/m^2$以下的属轻薄型织物,195~315$g/m^2$的属中厚型织物,315$g/m^2$以上的属厚重型织物。粗梳毛织物面密度为300~600$g/m^2$(图2-22),丝织物面密度为20~100$g/m^2$。因此,丝织物偏薄,宜作为夏季衣料。

图2-21 面密度为150$g/m^2$的棉织物

图2-22 面密度为500$g/m^2$的厚毛呢织物

### 思考题

1. 简述服装用纤维的分类及命名。
2. 简述服装用纱线的分类。
3. 变形纱主要有哪些分类并运用于哪里?
4. 织物的主要分类有哪些?

### 项目练习

1. 聚酯纤维又称为(　　)。
   A. 涤纶　　　　　　B. 铜氨
   C. 醋酯　　　　　　D. 腈纶
2. 蚕丝的一般长度为800~_____mm。
3. 针织物分_____编和_____编两种。
4. 举例说明常见的天然纤维和化学纤维分别有哪些。

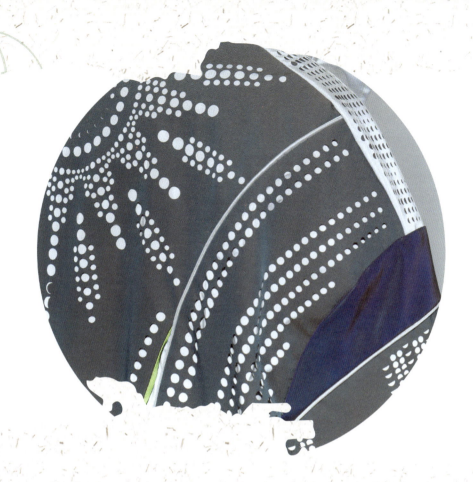

# 项目 3
# 常用服装面料

| | |
|---|---|
| **教学内容** | 机织面料；针织面料；非织造布；毛皮与皮革；其他面料。 |
| **知识目标** | 掌握机织面料、针织面料、非织造布、毛皮与皮革、其他面料的基本概念、分类和特性；理解常用服装面料在服装设计和制作中的关键作用。 |
| **能力目标** | 能根据不同的需求选择合适的服装面料；能判断服装面料的质量和适用性。 |
| **思政目标** | 树立群众意识、服务意识、美育意识，弘扬中华优秀传统文化。 |

服装材料可分为服装面料和服装辅料两大类，其中服装面料是服装最基本的物质基础，是服装的主要材料，对服装的色彩、款式和功能起主要作用，也是服装最外层的材料。服装面料体现服装的主体特征，它的质量、肌理、弹性、厚薄、软硬、颜色等因素都会直接影响服装的整体效果。面料的厚薄、轻重、软硬等方面的差别使得服装呈现不同的造型特征；面料的肌理、色彩、图案、光泽、质地等体现不同的外观特征。丰富的面料品类也传递着不同的生理和心理感受。因此，选择合适的面料才能实现服装的设计构思，形成独特的风格。随着社会的发展，多样化、个性化、时代化、舒适化成为当今服装面料的主要特点，选择服装面料时要考虑服装不同的性能要求，使面料不仅满足服装内在性能的要求，而且满足服装外在美的要求。

服装面料种类繁多，根据材料属性可以分为纤维制品与非纤维制品，纤维制品根据制造方式的不同分为机织物、针织物和复合织物，非纤维制品主要包括动物皮革、天然毛皮、人造革等；根据冷暖季节的不同，服装面料又可分为春秋季服装面料、夏季服装面料和冬季服装面料；根据面料结构又可分为机织面料、针织面料和非织造面料，其中非织造面料又称非织造布。本项目根据材料属性，从机织面料、针织面料、非织造布、毛皮与皮革等方面分析常用的服装面料，帮助服装专业学生了解和掌握服装面料的质地、纹理及性能。

## 任务3.1　机织面料

机织面料是由相互垂直的纱线在织机上按一定的规律相互交织而成的，与织物纵向平行的纱称为经纱，与织物横向平行的纱称为纬纱（图3-1）。机织面料有结构稳

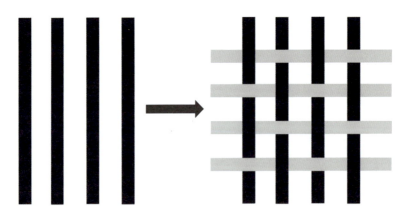

图3-1　机织面料编织原理

定、布面平整光滑、坚固耐磨、悬垂时无松弛现象等优点，适合各种裁剪方法，但其延伸性和弹性较差，容易产生褶皱。

## 3.1.1 机织物的分类

机织物的分类较多，为了系统地了解机织物，在服装设计与制作中更好地选择和运用不同的机织面料，对其进行如下分类。

### 3.1.1.1 按原料组成方式分类

按原料组成方式的不同，可分为纯纺织物、混纺织物、交织织物、色织织物以及色纺织物（表3-1）。

表3-1　按原料组成方式机织物的分类

| 名称 | 说明 |
| --- | --- |
| 纯纺织物 | 指经纱、纬纱都用同种纯纺纱线织成的织物，体现其组成纤维的基本性能 |
| 混纺织物 | 指用两种或两种以上不同品类的纤维混纺的纱线织成的织物。比起纯纺织物，混纺织物能体现纤维性能的优越性，改善织物的服用性能 |
| 交织织物 | 指经纱和纬纱使用不同纤维的纱线或长丝织成的织物，例如，经纱用毛纱的粗呢，纬纱用棉线。因此，交织织物经纬向的性能各具特色 |
| 色织织物 | 指将纱线全部或部分染色后按照组织和配色要求而织成的织物，呈现色彩牢固、图案与条格立体感强的特点 |
| 色纺织物 | 指将部分纤维或纱条染色，把原色纤维或染色纤维按比例进行混纺织成纱线，这样织成的织物为色纺织物。因此，色纺织物有着混色效应，有的经纬向都混色，有的只单一方向混色，呈现"横条雨丝""纵条雨丝"效果 |

### 3.1.1.2 按纤维长度和线密长度分类

按纤维长度和线密度的不同，可分为棉型织物、毛型织物、中长纤维织物和长丝织物（表3-2）。

表3-2　按纤维长度和线密长度机织物的分类

| 名称 | 说明 |
| --- | --- |
| 棉型织物 | 是用棉型纱线织成的织物，纤维细而短，原料不局限于棉，可以使用化纤原料。具备手感柔软、光泽柔和、外观朴素自然的特征 |
| 毛型织物 | 是用毛型纱线织成的织物，纤维较长较粗，原料不局限于毛，可以使用化纤原料。具备丰盛、蓬松、柔软、防寒保暖的特征 |
| 中长纤维织物 | 是用中长纤维化纤纱线织成的织物，一般做成仿毛风格 |
| 长丝织物 | 是用长丝织成的织物。具备平整光洁、柔软丝滑、光泽感强且悬垂性好的特点 |

### 3.1.1.3 按机织物的组织结构分类

按机织物的组织结构的不同,可分为基本组织、变化组织、联合组织与复杂组织四类。这四类组织构成的织物又分别称为基本组织织物、变化组织织物、联合组织织物与复杂组织织物(表3-3)。

表 3-3 按机织物的组织结构分类

| 名称 | 说明 |
| --- | --- |
| 基本组织织物 | 包括平纹织物、斜纹织物、缎纹织物三类 |
| 变化组织织物 | 是在基本组织的基础上进行变化而形成的织物,有变化平纹织物、变化斜纹织物、变化缎纹织物三类 |
| 联合组织织物 | 基于基本组织和变化组织的基础上变化而来 |
| 复杂组织织物 | 与联合组织织物一样,基于基本组织和变化组织的基础上变化而来 |

## 3.1.2 常用机织物组织

机织物有着经纬纱相互交织的特点,而这种有规律的相互交错的纱线又被称为织物组织。基本组织是常用机织物组织,基本组织又可称为原组织,是一切组织的基础,包括平纹组织、斜纹组织与缎纹组织三种。

### 3.1.2.1 平纹组织

平纹组织是最简单的织物组织,由经纬纱隔纱交错,有着表面平坦、正反面外观相同的特征(图3-2)。由于经纬纱交织次数多、屈曲多且纱线不易紧靠,因此在相同规格下,平纹组织织物与其他组织织物相比更轻薄,织物表面光泽感较差,但有着坚固、耐磨、挺括的特征。

### 3.1.2.2 斜纹组织

斜纹组织有着织物表面有序生成的左斜或右斜的纹路特征(图3-3和图3-4)。相比平纹组

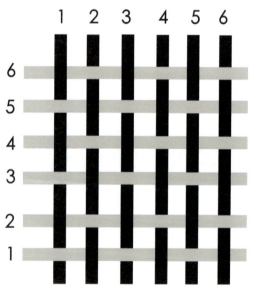

图3-2 平纹组织

图3-3 左斜纹组织　　　　　　　　图3-4 右斜纹组织

织，斜纹组织的经纬纱的交错次数较少，可以增加单位宽度内的纱线数，从而增大了织物的厚度和密度。因为交织点减少，使得斜纹组织的织物表面光泽感好，手感较为松软且弹性较好，具备良好的耐用性。

### 3.1.2.3 缎纹组织

在基本组织中，缎纹组织相对其他两种组织最为复杂，是基本组织中交错次数最少的一类组织，特征为相邻两根经纱上单独组织点相距较远，而所有的单独组织点有规律地分布（图3-5和图3-6）。缎纹组织织物有着表面平整、光滑、质地柔软、富有光泽且悬垂性较好的优点，但也有着不耐磨、易擦伤起毛的缺点。

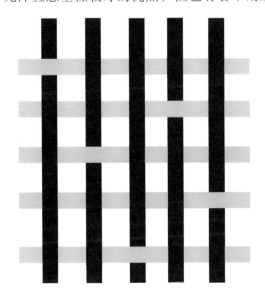 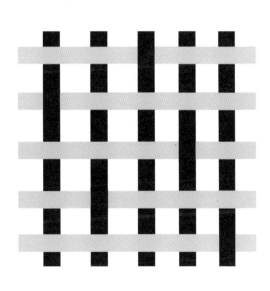

图3-5 经面缎纹组织　　　　　　　　图3-6 纬面缎纹组织

# 任务3.2 针织面料

随着社会发展水平的提高,人们的着装理念发生了新的变化,不仅有防寒保暖的生理需求,而且追求时尚自由、美丽大方,强调舒适与美观。针织面料的服装质地柔软,且具有良好的吸湿透气性、弹性与延伸性。针织面料能够满足人体各部位的弯曲伸展,使人们穿着舒适,无束缚感,在家居服、休闲装、运动装方面有着独特优势。目前,针织面料的服装已经成为日常的正常穿着,有着广阔的发展前景。

## 3.2.1 针织面料的分类

针织物是由织针将纱线编织成线圈,线圈之间相互串套而成的织物。线圈是针织物的最小单元,也是针织物的独特标志。根据织造特点,针织面料可分为纬编面料与经编面料两大类;根据产品用途,可分为内衣类、外衣类、毛衫类以及运动休闲类;根据织造方法,可分为机织类与手工编织类;根据布面形态,可分为平面面料、皱面面料、凹凸花面料、毛圈面料等;根据不同的花色,分为素色面料、色织面料、印花面料等。

### 3.2.1.1 经编针织面料

经编针织面料是由一组或几组平行排列的纱线在经编机的所有工作针上同时进行成圈而形成的平幅形或圆筒形的针织物。普通经编针织面料常以编链组织、经平组织、经缎组织、经斜组织等织制。通过经编机、缝边机、花边机等机器可以生产常见的经编针织物。常见的经编针织面料有涤纶经编面料、经编起绒面料、经编网眼面料、经编丝绒面料、经编毛圈面料以及经编提花面料(图3-7~图3-12)。

图3-7 涤纶经编面料

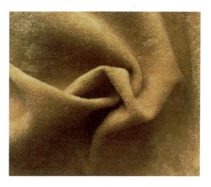

图3-8 经编起绒面料

图3-9 经编网眼面料

图3-10 经编丝绒面料

图3-11 经编毛圈面料

图3-12 经编提花面料

### 3.2.1.2 纬编针织面料

纬编针织面料是将一根或几根纱线沿针织物的纬向，有顺序地弯曲成圈，线圈之间相互串套而成的织物。纬编针织面料比经编针织面料质地更柔软，并且具备更好的弹性与横向延伸性。但在形态稳定性与挺括度方面要差于经编针织面料。纬编针织面料的基本组织包括变化平针组织、罗纹组织、双罗纹组织以及双反面组织。在原材料使用方面，纬编针织面料不仅可以用棉、麻、丝、毛等天然纤维，还能用涤纶、腈纶、锦纶、纬纶、丙纶、氨纶等化学纤维。常见的纬编针织面料有汗布、衬垫面料、绒布、法兰绒面料、毛圈面料、天鹅绒面料、罗纹面料、棉毛布、花色针织面料等。

汗布为纬平针织物，布面光洁、质地细密且柔软轻薄，但容易卷边与脱散（图3-13）。衬垫面料是在织物中衬入一根或几根衬垫纱的针织物，横向延伸性较小，厚度增加，因衬垫纱较粗，所以织物的反面较为粗糙（图3-14）。绒布是指织物的一面或两面覆盖一层细短稠密的细绒布的针织物，是花色针织物的一种。根据厚薄又分为厚绒布、薄绒布和细绒布三种（图3-15）。法兰绒面料是用两根涤纶或腈纶混纺纱编织的棉毛布（图3-16）。毛圈面料是指一面或两面有环状纱圈覆盖的针织物，是花色针织物的一种，有着柔软的手感、厚实的质地以及良好的吸水性与保暖性（图3-17）。天鹅绒面料采用的是长毛绒针织物，织物表面有一层起绒纱缎两端纤维形成的直立绒毛，手感柔软且厚实（图3-18）。罗纹面料包括罗纹布和罗纹弹力布，具备非常好的延伸性和弹性，卷边性小且不易脱散，常用在袖口、裤脚、领口、衣服的下摆处（图3-19）。棉毛布为双罗纹针织物，由两个罗纹组织复合而成，具有较好的横向弹力（图3-20）。棉毛布手感柔软、布面平整、纹路清晰，稳定性比汗布、罗纹布好。花色针织面料是采用多种组织方式，如提花组织、集圈组织、波纹组织等在织物表面形成花纹图案、凹凸、波纹等花纹效果的针织物（图3-21）。

图3-13　汗布

图3-14　衬垫面料

图3-15　绒布面料

图3-16　法兰绒面料

图3-17　毛圈面料

图3-18　天鹅绒面料

图3-19　罗纹面料

图3-20　棉毛布

图3-21　花色针织面料

## 3.2.2　针织物的特性

针织物具有脱散性、卷边性、延伸性和弹性、勾丝与起毛起球性以及透气性与吸湿性等特性。

#### 3.2.2.1 脱散性

针织物的基本结构单位为线圈,由于这种特殊的结构,针织物面料有着脱散性。当针织物的某根纱线断裂,或者线圈脱离串套,这种情况下只要外界产生拉力,针织物的线圈结构就会受到破坏。纬编针织物比经编针织物要更易脱散,由于脱散性的存在,人们通常会采取包缝线迹或绷缝线迹加以防止。

#### 3.2.2.2 卷边性

弯曲的纱线在自由状态下力图伸直从而造成针织物的卷边性。正是由于这种特性,卷边的面料不仅会影响裁剪造型的准确性,而且会降低人们的工作效率。因此,人们会使用喷雾式黏合剂这类产品克服针织面料的卷边问题。

#### 3.2.2.3 延伸性和弹性

受到线圈结构的影响,受到外力时针织面料有尺寸伸长的特性,外力消失后,线圈结构又能恢复到原来的形状。由于这种特性,针织面料使得穿着更加贴身舒适。

#### 3.2.2.4 勾丝与起毛起球性

针织面料使用化学纤维长丝或混纺纱线编织,在遇到尖硬带刺的物体后纤维就容易勾出来,从而造成勾丝的现象。针织面料通过洗涤、穿着过程中的不断摩擦,纤维就会从织物表面露出来形成绒毛。这些"起毛"多了,缠在一起就会形成纤维团,也就是人们常说的"起球"。

#### 3.2.2.5 透气性与吸湿性

线圈组成的针织面料,空气含有量多,因此透气性与吸湿性都很好,有利于皮肤呼吸和散热。

## 任务3.3 非织造布

非织造布又称无纺布、不织布、无纺织布。因为不需要用传统纺纱、机织或针织的工艺过程,根据产品特性,我国于1984年将其定义为"非织造布"。非织造布突破了传统的纺织原理,将纺织、塑料、化工、造纸等工业技术融合,并结合了现代物理与化学等学科的知识。因此,非织造生产技术的发展程度反映了这个国家的工业化发展水平。

## 3.3.1　非织造布的概念

非织造布以纤维网为骨架,以定向或随机排列的纤维为原材料,通过摩擦、黏合、抱合等方法的组合使用而制成片状物、纤网或絮垫。非织造布的结构是介于传统纺织品、塑料、纸和皮革之间的新材料系统,有生产流程短、生产效率高、成本低、价格实惠且用途广等优点。但与机织面料和针织面料相比,非织造布缺乏肌理与织纹质感,延伸性、弹性以及悬垂性较差,因此还没有广泛运用于服装面料。但由于其独特的外观与挺括性,在各类服装设计大赛中经常能看到非织造布的使用,表现出与传统织物不同的设计风格。

## 3.3.2　非织造布的用途

随着时代的进步,化学工业得到进一步发展,开发了越来越多性能优良的纤维与黏合剂,生产技术的进步与新颖的布面设计层出不穷,使非织造布应用范围越来越广。生活方面,台布、湿巾、餐巾、毛毯、尿不湿、妇女卫生巾、墙布等都有非织造布的身影;工业方面,土工布、涂层织物基布、隔声材料、隔热材料等,医疗行业用的口罩、手术服、帽、绷带、胶布等都采用了非织造布;日常穿着方面,里料、黏合衬基布、絮片、垫料、手套、缝编织物的面料等也会使用非织造布;甚至育秧材料、植草基布、包装材料等也有非织造布的使用;服装设计方面,还有采用非织造布做外造型的创意服装设计(图3-22)。

图3-22　非织造布服装设计

## 任务3.4 毛皮与皮革

早在远古时期,人类就发现兽皮可以用来御寒和防御外来伤害,但生皮干燥后干硬如甲,给缝制和穿用带来诸多不便。公元前2500年,人类发明了硝面发酵法,用其加工的毛皮皮板轻软,有伸展性,但常因细菌侵蚀而掉毛、变臭、遇水返生。史前人为生存而狩猎,猎杀的动物食其肉,衣其皮,所以动物毛皮是当时人类最好的衣料。如今,毛皮与皮革已成为普通消费者喜爱的服装材料之一。

供皮革工业加工的动物皮称为原料皮。它是指从动物体上剥下来并且有实际经济价值的皮张。制作成的带毛的产品称为毛皮,又称裘皮。毛皮轻便柔软、坚实耐用,既可用作面料,又可充当里料与絮料,特别是裘皮服装,在外观上保留了动物毛皮自然的花纹,而且通过挖、补、镶、拼等缝制工艺,可以形成绚丽多彩的花色(图3-23)。不带毛的产品称为皮革。张幅较大、有一定经济价值的动物皮都可以用于制作皮革的原料皮。牛皮、山羊皮、猪皮和绵羊皮是常用的原料皮。爬行动物皮、水生动物皮等也可用于制作皮革。

毛皮类服装秀场图

图3-23 毛皮大衣

皮革经过染色处理后可以得到各种颜色，主要用作服装与服饰面料（图3-24）。不同的原料皮，经过不同的加工方法，能获得不同的外观风格。皮革的条块经过编结、镶拼以及同其他纺织材料组合，既可获得较高的原料利用率，又具有运用灵活、花色多变的特点，深受消费者的喜爱。

皮革类服装秀场图

图3-24　不同颜色的皮革外套

## 3.4.1　毛皮

毛皮有天然毛皮与人造毛皮两种，又称为裘皮。天然毛皮由动物的皮革及生长其上的动物毛发构成，天然毛皮俗称生皮，经过后期加工处理使得原本干硬的生皮转换成柔软且防寒的熟皮。天然毛皮不仅具有良好的保暖性，并且品类繁多、质地柔软、手感顺滑，彰显高贵华丽的气质。人造毛皮是指外观类似动物毛皮的长毛绒型织物，多以腈纶、氨纶、改性腈纶等作为人造毛皮的原料，保暖性虽不如天然毛皮，但具有轻柔美观的特点。

### 3.4.1.1　天然毛皮

**（1）天然毛皮的特征**

天然毛皮的种类有很多，其皮张的大小、色泽、质感和长度等方面都略有不同，但它们的组织结构是有一定相似性的。天然毛皮主要由两部分构成：皮板和毛被。皮板是毛被附着的部分，它是天然毛皮的基础。毛被是指生长在皮板上的所有毛的总称，毛被主要分为底绒、针毛和锋毛（图3-25）。底绒是天然毛皮中最短的一层，它的毛细软且数量最多，主要起到保暖御寒的作用。针毛比底绒粗长，且比锋毛细短，针毛有明显的颜色和较强的光泽，它的数量和品质直接影响着天然毛皮的质量。锋毛是最粗、最硬的毛，弹性较好，能起到传导感觉和定向作用。

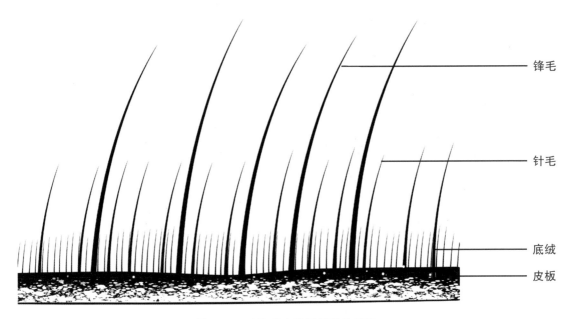

图3-25　天然毛皮的组织结构示意

在众多天然毛皮种类中能够兼具底绒、针毛和锋毛的种类极少，代表性的有貉子皮、草兔皮等。具有底绒和针毛的种类比较多见，如狐狸皮、水貂皮和狸猫皮等。只具有底绒的种类也是少之又少，代表性的有獭兔皮、青紫蓝等。除此之外，海豹皮和斑马皮是仅有针毛而没有底绒的。

天然毛皮的品质与动物的种类、性别、取皮季节、环境气候等因素有关。首先，不同种类的天然毛皮本身就有一定的差异，例如紫貂皮的品质就高于兔皮。其次，动物性别不同，天然毛皮的品质也不同，一般雄性动物在皮张的大小、厚度、光泽等方面都优于雌性动物。另外，取皮季节不同，天然毛皮的质量也会有所不同，其中冬季皮的质量最好，其次是秋季皮和春季皮，最差的是夏季皮，绝大部分夏季皮是没有制衣价值的。在行业内，一般判断天然毛皮品质的依据主要包括毛被的长度、密度、粗细度、色泽、花纹、弹性、柔软度以及皮张的厚度、大小和韧性等方面。

**（2）天然毛皮的主要种类**

皮草种类繁多，目前世界上皮草种类有一百多个品种，我国境内就有九十多种。随着社会的发展和现代化进步，野生动物皮的种类及数量逐渐减少，皮草材料多取自人工养殖动物，而人工饲养的"皮草"动物多以水貂和狐狸为主。

当代皮草分类基本是根据动物所属种群来进行的，一些具有代表性的皮草种类见表3-4。

项目 3　常用服装面料

表 3-4　一些具有代表性的皮草种类

| 水貂皮  | 紫貂皮  | 银狐皮 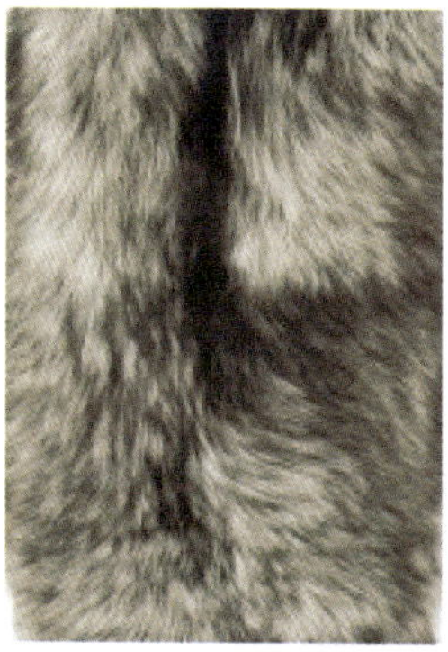 | 蓝狐皮 |
|---|---|---|---|
| 北极大理石纹狐皮 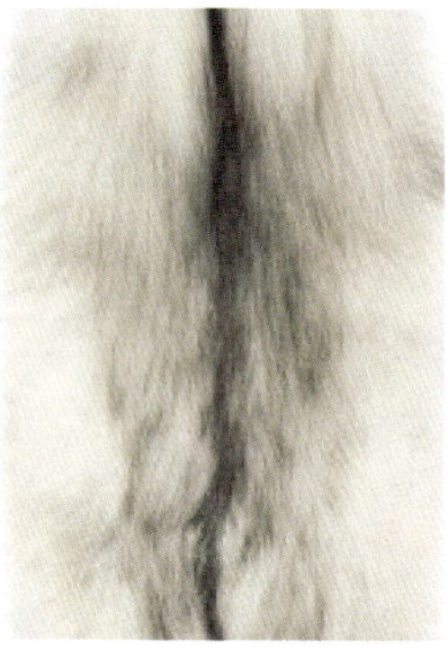 | 白狐皮 | 红狐皮 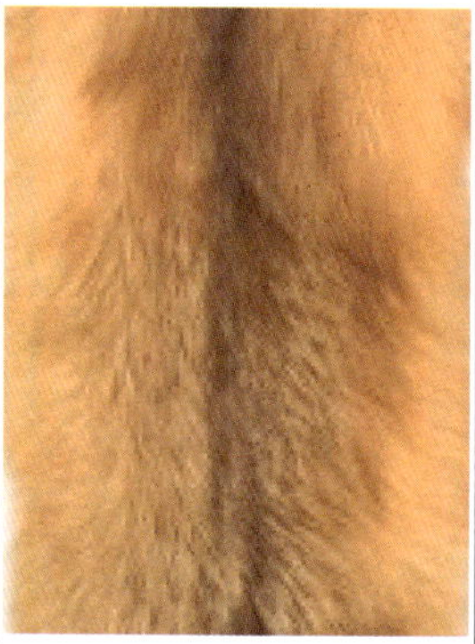 | 青紫蓝皮 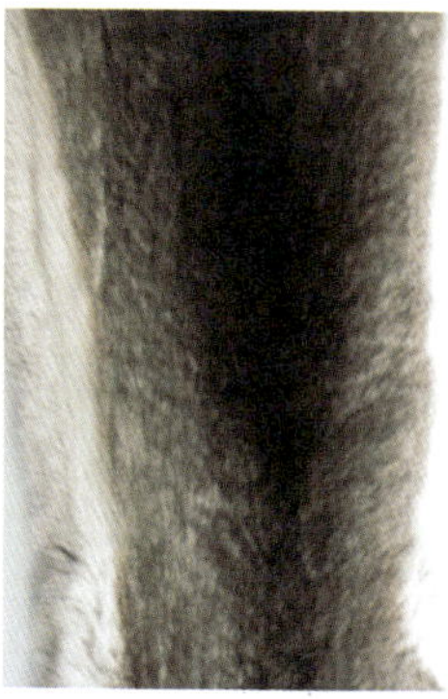 |
| 黄狼鼠皮  | 海狸鼠皮 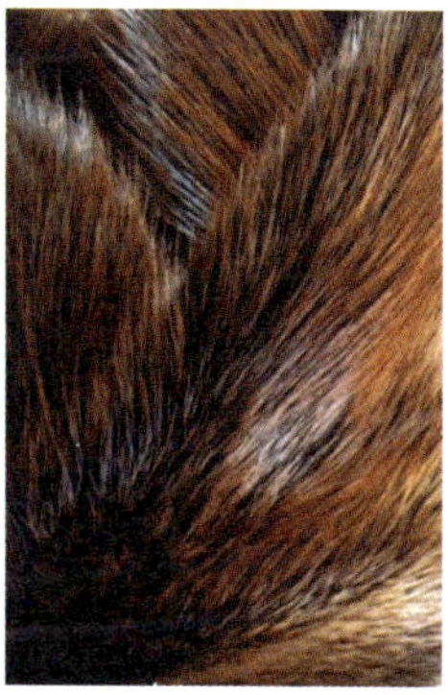 | 麝鼠皮 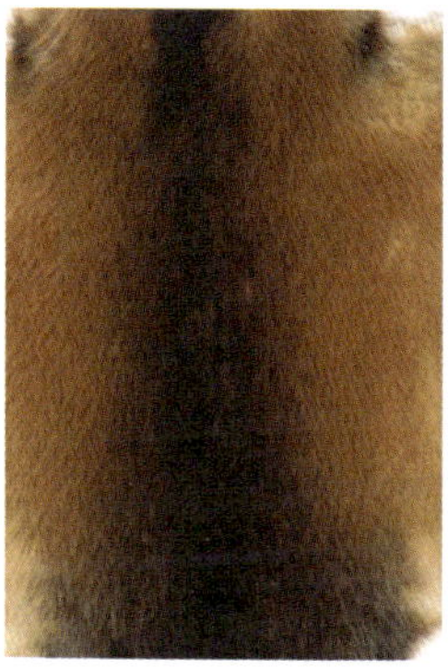 | 水獭皮  |

续表

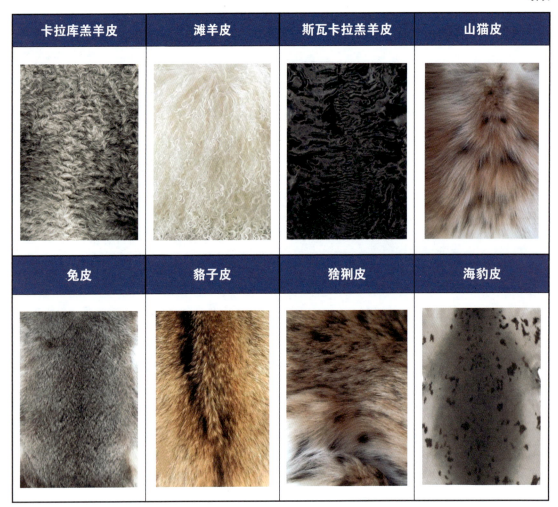

## 3.4.1.2 人造毛皮

人造毛皮是以化学纤维为原料经过后期机械加工而成的。人造毛皮的制造方法分为针织类和机织类。针织类可分为纬编法、经编法、缝编法等。其中，针织纬编法发展最快、应用最为广泛。人造毛皮虽然不如天然毛皮保暖性强，但也有着轻柔美观的特点，具有一定的保暖性且仿真皮性强，可以进行干洗和防燃处理。大多数人造毛皮以腈纶为原料作毛绒，相比天然毛皮，人造毛皮颜色更丰富、不易蛀、不易霉变、更耐晒且价格相对低廉，可以湿洗，但容易产生静电，比天然毛皮更易沾尘土，洗后仿真效果变差。

近年来，国家越来越重视环境保护，人造毛皮行业也在向环保方向发展，努力实现绿色环保，迎接消费者对环保理念的认可。目前，人造毛皮在市场上有着巨大的潜力，具有良好的发展前景。

## 3.4.2 皮革

皮革在中国古代服装中通常用作护甲,是战服的象征,意为穿戴皮革甲胄可以增加安全感。现代社会,皮革材料多用于成衣夹克以及皮裤防护服等服装。中国的皮革服装在近现代发展中非常注重工艺与艺术表现,在装饰、功能、色彩以及廓形等方面协调的同时,还结合了一定的价值观和文化底蕴。西方皮革服装则以性感为主要特征,多用皮革材料设计贴身服装,展示女性的曲线之美。

从材质方面分析,相比毛皮,皮革是不带毛的产品。皮革可分为天然皮革和人造皮革两大类。

### 3.4.2.1 天然皮革

以自然界的动物皮为原材料,经过一系列加工处理后的皮革称为天然皮革。皮革用途广泛,如日常所用的鞋、手套、箱包、家具、帽子等都能看到皮革的身影。因为经济效应,比较珍贵的动物毛皮只制裘而不制革,所以没有制裘价值的毛皮,并且皮板比较紧致的动物毛皮是制革的主要材料。天然皮革由天然蛋白质纤维在三维空间紧密编织构成,表面有一种特殊的粒面层,具有自然的光泽、颗粒感以及舒适的手感。

(1)天然皮革的结构

从天然皮革的结构分析,通过显微镜可以发现天然皮革的皮板大致分为表皮层、真皮层和皮下组织(表3-5)。

表3-5 天然皮革皮板的结构

| 名称 | 说明 |
| --- | --- |
| 表皮层 | 皮板上层,是皮板中最薄的一层,不同的动物种类表皮层有着不同的厚度。毛被发达的皮,表皮层较薄;毛被不发达的皮,表皮层较厚 |
| 真皮层 | 皮板中层,是皮板中最厚的一层,其质量和厚度占生皮皮板的90%以上,是皮板的主要组成部分。真皮层由纤维成分和非纤维成分构成 |
| 皮下组织 | 皮板最下层,是皮板中最松软的一层,含有大量的脂肪、血管、淋巴等。在制作皮革的时候阻碍水分蒸发,且用处不大,因此制作皮革时会被去除 |

(2)天然皮革的特点

用天然皮革制作服装一般用铬制革,厚度为0.6~1.2mm。天然皮革有着良好的透气性和吸湿性,轻薄柔软,具有良好的手感,并且染色牢固。因此,市场上能看到各种颜色的天然皮革材质的服装。天然皮革大致可分为光面革和绒面革两大类。光面革保持了原皮天然的粒面;绒面革则自带柔和的光泽,并且手感舒适柔软,缺点是容易吸尘沾污,不易保养。

#### （3）天然皮革的种类

市场上较为常见的服装用天然皮革有猪皮革、牛皮革、羊皮革、蛇皮革和鹿皮革。随着时尚奢侈品频频亮相在公众视野，鳄鱼皮革频繁出现在顶级奢侈品的箱包上，例如著名的奢侈品牌爱马仕，就以用鳄鱼皮革制包作为其特色之一。不同动物的毛皮制成的皮革材质各有不同，例如猪皮革表面凹凸不平，粒面层厚，但具有较好的耐磨性，猪皮革的吸湿性、透气性都不错，并且质地柔软；牛皮革则坚实致密，具有良好的耐磨性和耐折性，适用于制作皮鞋和皮箱。

### 3.4.2.2　人造皮革

随着时代发展，人们对皮革材质服装的追求越来越热情，由于天然动物皮获取有限，为了扩大产能和降低成本，人造皮革应运而生。早期，人们将聚氯乙烯（PVC）涂在底布上制成类似天然皮革的人造皮革，但性能较差。近年来，采用聚氨酯（PU）合成革提高了人造皮革的质量。机织物、针织物和非织造物都可以作为底布的材料，因此，不同织物的底布制作而成的人造皮革性能各异。

人造皮革分为人造革和合成革两大类。从性能特点分析，聚氯乙烯人造革是最早期的人造皮革制品。与天然皮革相对比，聚氯乙烯人造革耐用性更好，有较好的强度和弹性，并且容易清洗，具有良好的透气性，但透湿性差，用聚氯乙烯人造革制成的服装和鞋穿着并不舒适。聚氨酯合成革是指将聚氨酯弹性体涂在底布上，这类合成革的外观和手感要优于聚氯乙烯人造革，表面的质感和纹路与真皮接近，具有柔软、轻便的特点，以及良好的耐折性、耐磨性、耐水性和耐腐蚀性，缺点是容易老化。

### 3.4.2.3　天然皮革与人造皮革的鉴别

随着时代的发展，人们对皮革材质的服装越来越喜爱。虽然现在技术较成熟，人造皮革在外观和质感上都接近天然皮革，但在服用功能性上两者还存在较大的差异。可以通过以下几种方法进行鉴别。

① 观察皮革表面鉴别。天然皮革表面有自然的纹理和实际的毛孔，并且是不规则分布的，而人造皮革革面通常不会有毛孔，并且其花纹具有人工痕迹，部分纹理有着明显且规律的分布。

② 通过手感触摸鉴别。一般而言，触摸天然皮革时有柔软、丰满、弹性的触感，而触摸人造皮革时手感较发涩，柔软性不如天然皮革。并且用指甲刮拭天然皮革会导致纤维松起，像起绒的感觉。而人造皮革无动物纤维，是纱线或纺织纤维，手感坚硬且有一种凉凉的感觉。

③ 通过嗅觉鉴别。天然皮革自带浓烈的皮毛味，而人造皮革带有较刺激的塑料气味，无天然皮革的味道。

④ 通过燃烧鉴别。剪下天然皮革和人造皮革的边角进行燃烧，有刺鼻气味且会在燃烧后迅速收缩成疙瘩的是人造皮革。天然皮革燃烧后会散发一股毛发烧焦的糊味，并且灰烬可以捏碎成粉末状。

## 任务3.5 其他面料

随着社会的发展和进步，生活节奏的加快，极大地促进了人们对物质生活的追求。日常穿搭中不仅追求舒适性，更追求美观性与独特性。着装既要满足心理需求，体现自我，又要有益于身体健康与生理需求。因此，服装面料种类日益繁复，除了机织面料、针织面料、非织造布、毛皮与皮革外，还有复合面料、刺绣面料、植绒面料等。

### 3.5.1 复合面料

复合面料是由两层或多层纺织材料、无纺材料等不同性质的片状材料一层层叠合，通过一定方法组合一起而合成的新型材料。这种由多种材料组合形成的面料结合了不同面料的优点，具有多种功能，同时具有独特的外观和性能。

复合面料的种类繁多，服装方面多采用黏合织物、涂层织物以及多层保暖织物（表3-6）。

表3-6 复合面料的种类

| 名称 | 说明 |
| --- | --- |
| 黏合织物 | 黏合织物是指通过两层或两层以上的织物经黏合剂的粘贴作用，将它们黏合成一体的复合织物。其应用在服装的产品主要包括衬料与面料的黏合、衬料与里料的黏合、薄膜与纺织品的黏合等织物 |
| 涂层织物 | 涂层织物是指在织物的表面均匀涂以形成薄膜的高分子化合物，使织物改变外观、风格，并赋予特殊的功能，从而提高产品的附加值。涂层材质有聚氯乙烯涂层、聚氨酯涂层和半聚氨酯涂层、锦纶涂层、聚四氟乙烯（PTFE）涂层。涂层织物应用在服装上的常见产品有防水透湿织物、阻燃涂层织物、调温相变涂层织物、四防（防火、防水、防油、抗静电）涂层织物等 |
| 多层保暖织物 | 多层保暖织物有内外两层，中间加絮料，通过织造或衍缝形式将它们结合在一起，一般用于保暖材料。内外两层织物一般采用针织单面结构，原料一般采用纯棉、涤棉混纺、化纤纯纺、丝织物等，保暖絮片一般采用含有丙纶、涤纶、羊毛等成分及涂层的非织造布 |

### 3.5.2 刺绣面料

刺绣，作为中国优秀的传统工艺，承载着深厚的历史底蕴。这一技艺主要运用各种线料在织物上织出丰富多样的图案。它与养蚕、缫丝紧密相连,因此常被称为丝绣。中国是世界上最早发现并使用蚕丝的国家,早在数千年前就已开始这种传统技艺的实践。随着蚕丝的普及和丝织品的蓬勃发展,刺绣工艺也逐步成熟并崭露头角。

刺绣工艺不仅对中国社会产生了深远影响,更在国际上赢得了盛誉。至秦汉时期,刺绣技艺已经成熟,绣品成为对外交流的重要商品。清代时期,民间刺绣更是百花齐放,形成了各具特色的四大名绣——苏绣、湘绣、蜀绣、粤绣,它们分别代表了苏州、湖南、四川、广东等地的独特风格。此外,还有京绣、顾绣、少数民族苗族的苗绣(图3-26)等,各地刺绣技艺百花齐放,风格各异。

图3-26 苗绣

刺绣的针法多样,有错针绣、乱针绣、网绣、满地绣等,每种针法都能展现出不同的艺术效果。刺绣作品中的花卉仿佛散发着香气,飞禽走兽栩栩如生,仿佛跃然于布上。近几十年来,中国的刺绣艺人更是将油画、中国画、照片等艺术形式融入刺绣之中,创造出远看如画、近看如绣的绝妙佳作。

刺绣品的用途广泛,不仅用于戏剧服装,而且深入人们的日常生活中,如枕套、台布、屏风、壁挂等。此外,刺绣品还是中国传统的外贸产品,具有极高的经济价值。四大名绣更是中国刺绣特色和艺术价值的集中体现,它们代表了中国刺绣工艺的最高水平,也是中华文化的瑰宝。

湘绣,源于湖南,融合了苏绣与广绣的精髓,形成了其独特的艺术风格。它采用无捻绒线进行绣花,劈丝工艺精细入微,使得绣品上的绒面花型栩栩如生,极具真实感。湘绣常以中国画的意境为蓝本,色彩饱满且鲜亮,注重颜色的层次感和浓淡变化,使得绣品形态生动,栩栩如生。其风格豪放而不失细腻,被誉为"绣花能生香,绣鸟能听声,绣虎能奔跑,绣人能传神"。特别是湘绣运用特殊的毛针技法绣制的狮、虎等动物,毛丝强健有力,展现了动物威武雄健的气势。

蜀绣,亦称"川绣",起源于巴蜀地区,拥有2000多年的历史。蜀绣分为川西和川东两大流派,自清代道光时期起,已形成专业化生产。作为中国四大名绣之一,蜀绣的工艺已经炉火纯青，单面绣和双面绣的造型灵活多变，常用晕针来展现作品灵动真实的一面。蜀绣的主要原料为软缎和彩色丝线，以其生动的形象、明丽清秀的色彩、丰富的层次感以及精湛细腻的针法形成了自身的独特韵味，展现出独特的地方特色和艺术魅力。

粤绣，作为广东刺绣的统称，涵盖了两大流派：以广州为中心的广绣和以潮州为代表的潮绣。在艺术表现上，粤绣独具特色，构图繁复而富有活力，色彩鲜艳夺目，绣法简约而独特。其绣线较粗且稍显松散，针脚长短不一，针纹重叠并微微凸起，形成一种独特的质感。粤绣常选取凤凰、牡丹、松鹤、猿、鹿、鸡、鹅等传统吉祥图案为题材，寓意丰富。粤绣最具代表性的是钉金绣，它使用织金缎或钉金作为衬底，尤其是加入高浮垫的金绒绣，更是金碧辉煌、气势磅礴。这种绣品多被用于戏衣、舞台陈设以及寺院庙宇的装饰，极为适合营造热烈欢庆的氛围。

## 3.5.3　植绒面料

植绒是以各类布料为底布，正面植上尼龙绒毛或黏胶绒毛，经过烘蒸和水洗加工而成。通过这种方法制作的面料被称为植绒面料（图3-27）。在织物表面黏附纤维短绒的方法主要有两种：机械植绒和静电植绒。

图3-27　植绒面料

机械植绒是织物以平幅状通过植绒室时，纤维短绒通过筛网随机散布到织物上。静电植绒是将纤维短绒施加静电，使其几乎全部直立并定向排列在织物上。尽管静电植绒的速度较慢且成本较高，但其植绒效果更为均匀和密实。在静电植绒中，常用的纤维包括各种实际生产中的纤维，其中黏胶纤维和锦纶尤为常见。这些短绒纤维在移植到织物上之前，多数情况下会先进行染色处理。

由于黏合剂的性质，植绒织物有着耐干洗和耐水洗的性能。但不是所有黏合剂都具有抗清洗的性能，因此，要验证每一种特定的植绒织物所适合的清洗方法。

植绒工艺除了可用于覆盖整个织物表面的整体植绒外，也可用于植绒印花。根据所用的纤维和植绒工艺，植绒织物的外观可以是仿麂皮或是立绒，甚至是仿长毛绒。

这些织物被用于制作鞋、服装、船甲板和游泳场所的防滑贴附织物、手提包、床单、家具布、汽车座椅等。所用纤维和黏合剂必须适合产品的最终用途。整体植绒织物上黏合剂的透气性是影响穿着舒适性的重要因素，一些总体上符合要求的黏合剂可能是几乎不透气的。对于某些产品，如鞋、内衣、衬衫和上衣等，穿着这些织物是十分不舒服的。

### 思考题

1. 简述如何辨别机织面料与针织面料。
2. 简述机织物的分类方式及具体分类。
3. 常用针织服装面料有哪些？其特点如何？
4. 试比较天然皮革和人造皮革的不同点。

### 项目练习

1. 名词解释：纬编针织物、经编针织物。
2. 针织物按加工工艺的不同，一般可分为____、____。
3. 平纹组织是最简单的织物组织，由____、____隔纱交错。
4. 非织造布又称____、____、____。
5. 未来服装面料的发展趋势可能包括哪些方面？请提出你的预测和理由。

# 项目 4
# 服装材料的鉴别

**教学内容**　服装材料的原料鉴别方法；服装材料正反面的鉴别方法；服装材料经纬向和纵横向的确定方法；服装面料倒顺的识别方法。

**知识目标**　掌握服装材料的原料鉴别方法；学会如何鉴定服装材料的正反面；掌握如何确定服装材料的经纬向和纵横向；掌握识别服装面料倒顺的鉴别方法。

**能力目标**　能鉴别出不同服装的原材料；能确定不同服装材料的经纬向和纵横向；能判断不同面料的倒顺方向。

**思政目标**　培养学生精益求精、专注细致的工匠精神；培养学生的环保意识，引导学生认识服装生产对环境的影响，倡导使用环保材料。

服装材料种类繁多，性能各异，所用到的加工原料品种也很多。服装材料的外观形态或内在性质有相似的地方，也有不同之处。服装材料的鉴别就是根据材料外观形态或内在性质的差异，用多种方法把它们区分开来。正确鉴别服装材料的原料组成与外观特征，关系到对服装材料性能的认识理解和服装材料的合理运用。本项目主要介绍服装材料的原料鉴别方法、正反面的鉴别方法、经纬向和纵横向的确定方法以及服装材料倒顺的识别方法。对材料的性能区分和认识可以让人们更好、更合理地挑选服装材料，以达到更好的服装设计效果。

# 任务4.1　服装材料的原料鉴别方法

服装材料的服用性能和风格特征主要取决于原料组成，同时受组织结构生产加工和后整理的影响，因此，认识服装材料，首先要判断其原料组成，分析和掌握由原料赋予它的特性，以便准确恰当、合理地将其运用于服装设计，避免在服装设计制作、穿着洗涤、保养、营销等环节出现问题。服装材料的原料鉴别方法有感官鉴别法、燃烧鉴别法、显微镜鉴别法、化学溶解鉴别法等。其中以感官鉴别法和燃烧鉴别法最为简单和常用。

## 4.1.1　感官鉴别法

感官鉴别法是通过人的感觉器官，根据各类原料或织物的外观特征和手感对织物原料进行鉴别的一种直观方法，也称手感目测法。此方法简单易行，但要求具有丰富的实际经验，对于经过特殊加工或仿真程度很高的织物，很难用感官鉴别法准确判断，可与其他方法相结合加以判断。

### 4.1.1.1　天然纤维织物

（1）棉织物

光泽暗淡，弹性差，用手握紧织物，松开后有皱纹且不易恢复，表面有毛茸或棉籽，色织棉织物的颜色不会过分鲜艳。

（2）麻织物

手感较棉粗糙，硬挺，强度较大，湿后强度更大，织物表面有毛茸，经纬纱线条干不均匀。

#### （3）毛织物

手感柔软，毛茸感强，弹性好。呢面纹路清晰或稍有毛绒者为精梳产品；手感丰满、厚实、保暖且呢面平整或粗犷者为粗梳产品。

#### （4）丝织物

丝织物光泽柔和，手感柔软平滑、有凉爽感。其中真丝具有很强的伸度和弹性，抗皱性能比较差，用手捏可以看到折痕，反复揉搓可以听到独有的丝鸣声，吸湿性比较强，但是遇到水会收缩卷曲；人造丝手感没有真丝柔软，稍显粗硬，有湿冷感，衣料容易破碎。

### 4.1.1.2  化学纤维织物

#### （1）涤纶织物

涤纶是现有化学纤维中性能较好、在服装制品中应用非常广泛的一类织物，素有"万能"纤维之称。其最大特点是硬挺，弹性极好，不易褶皱，手感较粗硬。近年来，化学纤维仿真丝织物层出不穷，从表面看与真丝织物毫无两样，但其手感仍较粗硬、不柔软，飘逸感不及真丝织物，服用性也不及真丝织物。最好借助燃烧法一测便知。

#### （2）锦纶织物

锦纶织物色泽鲜艳、纯正，绸面光亮，手感滑腻，强度高，质地较为柔韧，抗褶皱性不如涤纶织物，用手轻揉时易产生褶皱，且褶皱在短时间内不易消除。锦纶织物多用作服装里料及雨伞料，此外，锦纶织物因其多方面的优良性能而广泛应用于针织品的制作中，常见的有袜子、内衣等。

#### （3）腈纶织物

腈纶织物色泽鲜艳，弹性好，不易起皱，强度高。

#### （4）混纺织物

常见的混纺原料及搭配交织的有：涤/棉、毛/涤、涤/腈、黏、真丝/毛、涤/人造丝、丝/棉、涤/麻、柞/涤、真丝/人造丝、棉/麻等。原料配伍的依据一般是两种或三种原料的性能互相取长补短。因此鉴别是何种原料时，除了分别考虑各自原料的表面特征及性能外，还可从织物色泽方面判断，混纺纱或交织织物一般是杂色居多，但也有少量纯色的。另外还可采用化学溶解法或显微镜观察法。

## 4.1.2  燃烧鉴别法

对感官鉴别法难以判断或把握不准的可通过燃烧鉴别法进行判断，简单易行且准确度较高。

燃烧鉴别法依据各种纤维的化学成分不同，其燃烧现象和特征不同进行鉴别，如燃烧状态、灰烬状态、燃烧气味等适合纯纺织物和纯纺纱交织物。而不适用于混纺织物和混纺纱交织物的原料鉴别。对照常见纤维的燃烧特征（表4-1）可以粗略地鉴别出纤维类别。

常见纤维燃烧鉴别法

表4-1 常见纤维的燃烧特征

| 纤维名称 | 接近火焰时的状态 | 在火焰中的状态 | 离开火焰后的状态 | 燃烧后的灰烬 | 燃烧时的气味 |
|---|---|---|---|---|---|
| 棉、麻、黏胶纤维 | 不熔不缩 | 迅速燃烧 | 继续燃烧 | 灰烬少而细软，呈灰白色，一吹即散 | 烧纸气味 |
| 蚕丝、羊毛 | 收缩不熔 | 渐渐燃烧，冒烟，冒气泡 | 不易续烧 | 黑色松脆小球，一捏即碎，细粉末状 | 烧毛发臭味 |
| 醋酯纤维 | 熔融 | 收缩熔融，冒烟 | 熔化燃烧 | 黑色硬块 | 不明显醋味 |
| 涤纶 | 收缩熔融 | 先熔后烧，缓慢燃烧，黄色火焰，冒烟，有滴落拉丝现象 | 继续燃烧 | 玻璃状黑褐色硬球，不易捏碎 | 特殊芳香味 |
| 锦纶 | 收缩熔融 | 先熔后烧，缓慢燃烧，很小的蓝色火焰，无烟或少量白烟，有滴落拉丝现象 | 继续燃烧 | 玻璃状黑褐色硬球，不易捏碎 | 氨臭味 |
| 腈纶 | 收缩熔融发焦 | 边收缩边迅速燃烧，黄色火焰，有发光小火花 | 继续燃烧 | 黑色硬球 | 辛辣味 |
| 维纶 | 收缩 | 迅速收缩，缓慢燃烧，很小的红色火焰，冒黑烟 | 继续燃烧，冒黑烟 | 褐色硬球，可捻碎 | 特殊的甜味 |
| 丙纶 | 缓慢收缩 | 边卷缩边燃烧，火焰呈蓝色，有滴落拉丝现象 | 继续燃烧 | 黄褐色硬球，不易捻碎 | 轻微的沥青味 |
| 氯纶 | 熔融 | 不易燃烧，大量冒烟 | 自行熄灭 | 不规则的黑色硬块 | 氯气味 |
| 氨纶 | 熔融 | 熔融，燃烧 | 自行熄灭 | 黏性的块状物 | 特殊气味 |

## 4.1.3 显微镜鉴别法

显微镜鉴别法是依据各种纤维的横截面和纵面形态特征来进行识别的。广泛应用于质检和原料鉴别,可观性强。可用于纯纺、混纺和交织物,对化学纤维只能确定其大类,还可以判断天然纤维和化学纤维的混纺情况,以及异形化学纤维的截面形状(表4-2)。

表 4-2 常见纤维的横截面和纵面形态特征

| 纤维名称 | 横截面 | 纵面 |
| --- | --- | --- |
| 棉 | 不规则腰圆形,有中腔 | 扁平带状,有天然扭转 |
| 苎麻 | 不规则腰圆形,有中腔 | 长条带状,有横节竖纹 |
| 亚麻 | 不规则多角形,有中腔 | 长条带状,有横节竖纹 |
| 蚕丝 | 不规则三角形 | 透明光滑 |
| 羊毛 | 圆形或椭圆形 | 表面粗糙,有鳞片 |
| 黏胶 | 锯齿形 | 表面光滑,有纵条纹 |
| 涤纶、锦纶、丙纶 | 圆形 | 表面光滑 |
| 腈纶 | 圆形或哑铃形 | 表面光滑,有纵条纹 |
| 维纶 | 腰圆形或哑铃形 | 表面光滑,纵向有槽 |
| 氯纶 | 圆形或蚕茧形 | 表面光滑 |
| 氨纶 | 不规则圆形 | 表面暗深,有不清晰的条纹 |

## 4.1.4 化学溶解鉴别法

化学溶解鉴别法是依据各种纤维的化学组成不同,在不同化学溶剂和不同浓度及温度下具有不同的溶解性能来鉴别纤维成分的一种方法。这种方法既可鉴别纯纺织物的纤维成分,也可鉴别混纺织物的组分,具有可靠、简单、准确度高等优点。

根据感官鉴别法、燃烧鉴别法和显微镜鉴别法初步鉴定后,再采用化学溶解法加以证实,即可准确鉴别出服装原材料的纤维种类。对于涤纶、锦纶、腈纶等外观极其相似的织物,一般用感官鉴别法,燃烧鉴别法和显微镜鉴别法则难以确认,需要通过化学溶解鉴别法进行准确判断。必须注意,在具体的鉴别过程中,需要严格控制溶剂浓度和温度,保证安全操作,仔细观察溶解情况并结合其他鉴别方法,才能保证鉴别的结果无误。表4-3为常见纤维的化学溶解性能情况。

表 4-3　常见纤维的化学溶解性能情况

| 纤维名称 | 硫酸 | 盐酸 | 氢氧化钠 | 硝酸 | 冰乙酸 | 丙酮 | 间甲酚 | 四氯化钠 |
|---|---|---|---|---|---|---|---|---|
| 棉 | S | I | I | I | I | I | I | I |
| 麻 | S | I | I | I | I | I | I | I |
| 蚕丝 | P | P | I | O | I | I | I | I |
| 羊毛 | I | I | I | I | I | I | I | I |
| 黏胶 | SS | S | I | I | I | I | I | I |
| 醋酯 | SS | SS | I | SS | SS | SS | SS | I |
| 涤纶 | SS | I | I | I | I | I | I | I |
| 锦纶 | SS | SS | I | SS | I | I | S | I |
| 丙纶 | I | I | I | I | I | I | I | I |
| 腈纶 | S | I | I | I | I | I | I | I |
| 维纶 | S | SS | I | SS | I | I | I | I |
| 氯纶 | I | I | I | I | I | I | P | I |
| 氨纶 | S | I | I | I | I | I | P | I |

注：1. SS表示立即溶解；S表示溶解；P表示部分溶解；I表示不溶解；O表示膨润。
2. 溶解温度为24～30℃。

# 任务4.2　服装材料正反面的鉴别方法

不同的原料、组织、织造及整理加工工艺使织物具有不同的正反面，因此应正确判断出织物正反面，为正确裁剪及穿用提供依据。在制作服装时，多为织物的正面朝外，反面朝里，但也有为取得不同肌理效果而用反面作为服装正面用布的设计。服装在排料、裁剪和缝制加工时必须注意面料的正反面。因为面料正反面的色泽深浅、图案清晰及完整程度、织纹效果等都有一定差异，如果出现错误，会影响服装的美观性。

## 4.2.1 根据织物的组织特征鉴别

（1）平纹织物

素色平纹织物正反面无明显区别，较平整光洁，色泽匀净鲜艳的一面为正面。

（2）斜纹织物

对于单面斜纹，正面斜向纹路明显清晰，反面平坦模糊。对于双面斜纹，一般纱斜纹正面为左斜纹，线斜纹正面为右斜纹。

（3）缎纹织物

平整、光滑、明亮，浮线长而多的一面为正面，反面织纹不清晰，光泽较暗，不如正面光滑。经面缎纹的正面布满经纱浮长线，纬面缎纹的正面布满纬纱浮长线。

（4）其他组织织物

一般正面花纹较清晰、完整、立体感强，浮线较短，布面较平整光洁。

## 4.2.2 根据织物的外观效应鉴别

对于印花、轧光、轧纹、烂花、剪花、起绒、毛圈、植绒等外观特征的织物，花纹清晰、光泽好、色彩鲜艳、外观特征明显的一面为正面。

## 4.2.3 根据织物的布边鉴别

对于一般织物，布边平整、光洁的一面为正面；边上有针眼，凸出的一面为正面；边上织有或印有文字，清晰、正写的一面为正面。

## 4.2.4 根据织物的商标鉴别

内销织物的反面有商标等，外销织物的正面有商标等。

## 4.2.5 根据织物的包装鉴别

一般双幅织物对折在里面的一面为正面，单幅织物卷在外面的　面为正面。

多数织物的正反面差别明显，较易识别。有些织物的正反面几乎无差别，两面均可用于服装的正面。还有些织物的两面各具特色，可根据服装风格的要求和穿着者的喜好决定其正面,也可两面相间使用,别具一格,如绉缎、互补色提花面料、针织绒布、驼丝锦、缎背华达呢等。设计师可以根据自己的设计意图决定织物的正反面,只要露在外面的一面外观能达到设计要求,不影响服用性能即可。

## 任务4.3 服装材料经纬向和纵横向的确定方法

确定服装材料的经纬向和纵横向,可以通过观察和分析织物的结构及特点来实现。不同的面料和织物可能有不同的经纬向和纵横向特点,因此在实际操作中需要根据具体情况进行判断和确定。

### 4.3.1 机织物经纬向的确定方法

对机织物经纬向判断得正确与否影响到服装加工工艺、服装款式及造型设计。服装制作时,衣长、裤长一般需采用织物的经向,胸围、臀围一般采用织物的纬向,因此,正确识别织物的正反面后,还必须确定织物的经纬向,这些都是服装裁剪前的必要步骤。机织物经纬向的确定方法见表4-4。

表4-4 机织物经纬向的确定方法

| 依据 | 经纬向的确定 |
| --- | --- |
| 根据布边 | 有布边的织物,与布边相平行的方向,即匹长方向为经向;与布边相垂直的方向,即幅宽方向为纬向 |
| 根据浆纱 | 一般织物的浆纱方向为经向 |
| 根据密度 | 织物密度大的一般是经纱 |
| 根据筘痕 | 织物上有明显的筘痕,则筘痕方向是经向 |
| 根据捻度 | 织物经纬纱捻度不同,捻度大的多为经向 |
| 根据结构 | 毛巾类织物,起毛圈的纱线方向为经向;纱罗织物,有扭绞纱的方向为经向 |
| 根据效果 | 织物的条纹、格型略长的方向为经向 |
| 根据纱线 | 股线的方向为经向,单纱的方向为纬向;经纱较细,纬纱较粗 |
| 根据配置 | 交织物中,棉毛、棉麻、棉一般为经纱;毛与丝交织物中,丝为经纱;天然丝与绢丝交织物中,天然丝为经纱;天然丝与人造丝交织物中,天然丝为经纱 |

## 4.3.2　针织物纵横向的确定方法

针织物根据加工方法分为纬编针织物和经编针织物两大类。针织物纵横向的确定方法见表4-5。

表4-5　针织物纵横向的确定方法

| 针织物名称 | 纵横向的确定 |
| --- | --- |
| 纬编针织物 | 线圈纵向串套，沿线圈纵行方向为纵向<br>线圈横向连接，拆散时纱线沿线圈逐一退出的方向为横向<br>延伸性大的方向为横向<br>横机织制的片状面料，沿布边方向为纵向<br>圆机织制的筒状面料，裁断的方向为横向 |
| 经编针织物 | 纱线纵向成圈，沿纱线成圈的方向为经向<br>纱线呈平行排列的方向为经向<br>尺寸稳定，延伸性小的方向为经向<br>沿面料布边方向为经向 |

# 任务4.4　服装面料倒顺的识别方法

服装面料倒顺的识别是服装生产过程中一个重要的环节，它不仅可以提高服装的美观度，而且可以提高穿着的舒适性。识别服装面料倒顺主要依赖观察和分析材料的特性。服装在裁剪和缝制过程中，都需要严格根据面料的倒顺要求进行相应的处理。

## 4.4.1　服装面料倒顺的识别方法

服装面料倒顺是指面料上绒毛或纹理的方向性。对于某些具有绒毛或明显纹理的面料，倒顺的识别非常重要，因为它直接影响到服装的外观和质感。以下是识别服装面料倒顺的一些方法。

### （1）观察绒毛方向

对于绒毛类面料，如灯芯绒、平绒、丝光绒等，可以通过观察绒毛的方向来识别倒顺。一般来说，绒毛方向朝一个方向的是顺毛，而朝相反方向的是倒毛。

### （2）检查纹理走向

对于具有明显纹理的面料，如条格类织物，可以通过检查纹理的走向来识别倒顺。若纹理在面料设计时就是定向的，如明显的条纹或格子，则需要注意在裁剪和缝制时保持纹理的连续性和一致性。

### （3）触摸面料表面

通过触摸面料表面，可以感受到绒毛或纹理的方向性。顺毛时手感柔软、光滑，而倒毛时手感粗糙、有涩感。

### （4）参考工艺要求

在制作服装时，工艺要求通常会明确指定面料的倒顺方向。因此，在制作过程中，需要严格按照工艺要求进行操作，以确保服装的外观和质量。

总之，识别服装面料倒顺需要综合考虑面料的绒毛方向、纹理走向、手感、工艺要求等多个因素。通过正确的识别和处理，可以确保服装的外观美观、质感舒适，提高服装的整体品质。

## 4.4.2 常见织物倒顺的识别方法

有些织物有倒顺向，如不注意，制成服装后，会大大影响美观性。常见有倒顺向的织物及倒顺向识别方法有以下几种。

### （1）绒毛类织物

起绒织物的绒毛有倒顺之分，倒顺绒毛对光线的反射强弱不同，会出现明暗差异，如平绒、灯芯绒（图4-1）、金丝绒、乔其绒、长毛绒和顺毛大衣呢等。一般顺绒毛方向，反光强，色光浅，逆绒毛方向色泽较浓郁、深沉、润泽。用手抚摸织物表面，绒毛倒伏顺滑的方向为顺毛、顺绒。排料时应注意绒毛类织物的绒毛倒顺方向。

### （2）闪光类织物

有些闪光类织物有倒顺向，各方向光泽效应不同，有强有

图4-1 灯芯绒倒顺效果（上顺毛、下逆毛）

弱，倒顺方向使用不当会影响服装的整体效果（图4-2）。

### （3）不对称条格和图案织物

有些印花或色织织物的花型图案有方向性、有规则、有一定的排列形状，如倒顺花、阴阳格或条、团花等（图4-3），以及人像、山水、建筑、树木、轮船等，排料时需要识别倒顺，否则在视觉上会不协调（图4-4）。

### （4）针织物

针织物有顺编织方向和逆编织方向，有些织物在外观上线圈结构倒顺明显，可根据需要顺或逆向使用。

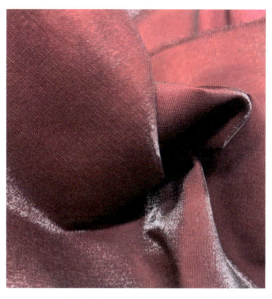

图4-2 闪光类织物倒顺效果

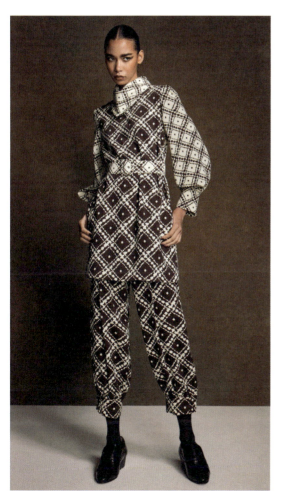

图4-3 有规则图案应用

图4-4 图案织物的顺向应用

### 思考题

1. 简述服装材料原料鉴别的方法。
2. 如何确定服装材料的经纬向和纵横向？
3. 如何鉴别服装材料的正反面？
4. 分析服装材料倒顺的鉴别方法。

### 项目练习

1. 腈纶纤维燃烧后的灰烬呈现出（　　）。
   A. 黑色硬球　　　　　　　　　　B. 褐色硬球，可捻碎
   C. 灰烬少而细软，灰白色，一吹即散　　D. 黄褐色硬球，不易捻碎
2. 羊毛纤维的横截面和纵截面形态特征为（　　）。
   A. 圆形或椭圆形，表面粗糙，有鳞片　　B. 不规则三角形
   C. 圆形或蚕茧形，表面光滑　　　　　　D. 圆形，表面光滑
3. 涤纶纤维在溶解温度为24～30℃时，加入（　　）化学试剂立即溶解。
   A. 盐酸　　　　　　　　　　　　B. 硝酸
   C. 硫酸　　　　　　　　　　　　D. 冰乙酸
4. 一般织物布边平整、光洁的一面为正面；边上有＿＿＿＿，凸出的一面为正面；边上织有或印有文字，清晰、正写的一面为正面。
5. 有布边的机织物，与布边相平行的方向，即匹长方向为＿＿＿＿；与布边相垂直的方向，即幅宽方向为＿＿＿＿。
6. 经编针织物纱线纵向成圈，沿纱线成圈的方向为＿＿＿＿。
7. 简要分析绒毛类织物倒顺的识别方法。

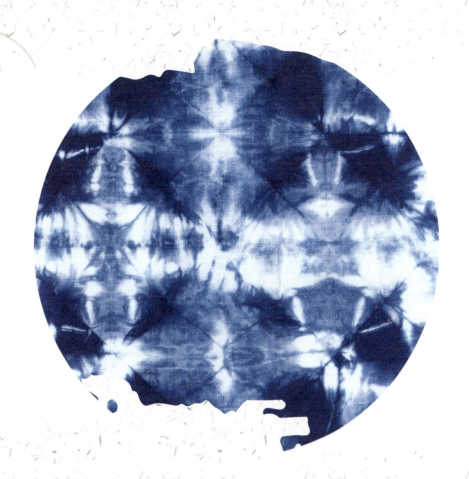

# 项目 5
# 服装材料的染整

**教学内容**　服装材料的预处理；服装材料的染色；服装材料的印花；服装材料的后整理。

**知识目标**　掌握服装染整的基本概念、分类和特性；理解服装染整对服装材料的重要作用。

**能力目标**　能根据不同的织物选择不同的染整方式；通过织物的染整提高学生的动手操作能力。

**思政目标**　引导学生了解中国传统文化和传统染整方法，培养学生的民族自信和文化自信。

服装材料的染整主要是通过化学方法，用各种机械设备对纺织品进行处理的过程。从染整加工和一般服用性能来说，服装材料应具有良好的润湿性、柔软的手感和洁白的色泽。本项目从服装材料的预处理、服装材料的染色、服装材料的印花、服装材料的后整理四个方面来阐述服装材料的染整。

# 任务5.1 服装材料的预处理

服装材料在进行染色或印花之前需要进行预处理，将材料上附着的杂质进行处理，提高附着材料的服用性能，并有利于后续加工的进行。纺织材料中所含的杂质一般分为两类：一类为天然杂质，如棉花、麻纤维上的蜡状物质、含氮物质、果胶物质、色素和矿物质等，羊毛纤维上会附着羊脂、羊汗等；另一类杂质为纺织加工时所附着的油迹和污渍等。这些杂质会使织物色泽欠白，手感粗糙，吸水性差等。不同织物的性质各异，因此加工的方式也不同，下面主要介绍棉、苎麻、羊毛、蚕丝、化学纤维的前处理方法。

## 5.1.1 棉织物的预处理

棉织物上存在的杂质有棉籽壳、蜡状物质、含氮物质、果胶物质、色素、矿物质和浆料等。预处理一般通过退浆、煮练、漂白三个主要过程来完成。退浆过程主要是去除浆料以及部分蜡状物质、含氮物质、果胶物质等。煮练过程主要去除部分蜡状物质、含氮物质、果胶物质、棉籽壳和部分色素。漂白过程主要去除色素以及剩余的其他物质。棉织物预处理的程序一般为：坯布准备→烧毛→退浆→煮练→漂白→开幅、轧水、烘燥→丝光。

前处理产品的标准主要用纤维素纤维的铜铵溶液的流速、吸水性（毛细管效应）和白度等指标来衡量。

### 5.1.1.1 原布准备

（1）原布检验

原布检验包括物理指标检验（长度、幅度、重量、经纬纱支数、密度和强力等）和疵病（纺疵、织疵、各种斑渍及破损等）两项。

### （2）翻布

检查后，将每匹布翻平摆在堆布板上，把每匹布的两端拉出以便缝头。在布头10～20cm处，印记上原布品种、加工类别、批号、箱号等信息以便于管理。

### （3）缝接

为适应连续生产加工需要，必须将原布加以缝接。缝接方法有假缝式和环缝式两种。前者较为坚牢，但布头重叠卷染时易造成横档疵病；后者布头平整但不牢。缝头要求织物正反面一致，缝头平直、坚牢、均匀、不跳针，布边针脚适当加密，以改善卷边现象。

## 5.1.1.2 烧毛

纱线纺成后，虽然经过加捻合并，但仍然有很多松散的纤维末端露出纱线表面，在织物表面上形成长短不一的绒毛，影响织物的光洁度，脱落聚集后会造成染色、印花疵病，所以棉织物在预处理之前都需要经过烧毛来除掉织物表面绒毛。

织物烧毛是将坯布平幅迅速地通过烧毛机的火焰或者炽热的金属表面（图5-1），布面上存在的绒毛迅速升温并发生燃烧，而布身比较紧密，升温较慢，在未升到着火点时，已离开了火焰或炽热的金属表面，从而达到既烧去了绒毛又不使织物损坏的目的（图5-2）。烧毛需均匀，否则经染色、印花后会呈现色泽不均的现象。烧毛质量评定方法是将已烧毛的织物折叠，迎着光线观察凸边处绒毛分布情况，评级情况见表5-1。一般烧毛质量应达到3～4级，稀薄织物达到3级即可。

图5-1　针织平幅烧毛机

图5-2　织物烧毛

表5-1　烧毛质量评级

| 等级 | 质量要求 |
| --- | --- |
| 1级 | 原坯未经烧毛 |
| 2级 | 长毛较少 |
| 3级 | 长毛基本没有 |
| 4级 | 仅有短毛，且较整齐 |
| 5级 | 烧毛净 |

### 5.1.1.3　退浆

退浆是指用化学处理方法去除原布上的浆料和部分天然杂质，以利于以后的煮练和漂白加工。

以纱为经线的织物在织造前都必须经过上浆处理，以提高经纱的强力、耐磨性及光滑程度，从而减少经纱断头，保证织布顺利进行。但坯布上的浆料对印染加工不利，浆料存在会污染整个工作液，耗费染化料，甚至会阻碍染化料与纤维的接触，影响产品的印染质量。因此，织物在染整加工前必须经过退浆处理来除掉浆料。

（1）酶退浆

酶是一种高效、高度专一的催化剂，它是某些动植物或微生物分泌的一种蛋白质，对某种物质的分解有特定的催化作用。对淀粉具有催化作用的酶称为淀粉酶。酶退浆是指利用淀粉酶对淀粉浆料的高效、专一性催化水解作用，使淀粉大分子苷键水解，聚合度和黏度降低，从而达到去浆的目的。

酶退浆法所需时间较短，去浆完全，作用条件温和，不易损伤纤维，但此法仅对淀粉类浆料有效果，对棉籽壳和其他化学浆料不起退浆作用。

（2）碱退浆

碱退浆是指利用热烧碱溶液使浆料发生强烈膨化，由凝胶态变为溶胶态，然后用热水洗去。通常织物烧毛后，在灭火槽中进行平幅轧碱，然后进行平幅绳状加工，汽蒸或保温堆置后能去除大部分浆料，减轻了精练的负担。

碱退浆可利用丝光或煮练后的废碱液，所以成本低，适用于各种浆料，去杂多，对棉籽壳分解作用大，但堆置时间长，对浆料不起降解作用，所以在水洗槽中水液黏度大，容易沾污织物。

（3）氧化剂退浆

氧化剂退浆是在强氧化剂如过酸盐、过氧化氢、亚溴酸钠的作用下，各种浆料发生水解而被洗除，从而使浆料容易从织物上洗除。过氧化氢是使用最广的退浆剂。

氧化剂退浆速度快，效率高，织物白度增加，退浆后织物手感柔软。但是氧化剂的强氧化性对纤维素也有氧化作用，使得纤维素发生降解，强力下降。

（4）酸退浆

酸退浆是使用稀硫酸使淀粉等浆料发生一定程度的水解，从而被洗除。但纤维素在酸性条件下也会发生水解断裂，强力下降。因此，酸退浆很少单独使用，常与酶退浆或碱退浆联合使用。

酸退浆具有良好的退浆作用，能使棉籽壳膨化，提高织物白度，多适用于含杂质较多的棉织物。

### 5.1.1.4　煮练

退浆之后的织物仍残留有蜡状物质、果胶物质、含氮物质及部分油剂，需要使用煮练加工来使织物具有一定的吸水性，便于在印染过程中染料的吸附和扩散。

煮练的主要用剂是烧碱，在长时间的热作用下，与棉纤维上的脂肪酸发生皂化作用，物质发生乳化被去除，并将含氮物质和果胶物质分别水解成可溶性物质而去除。

煮练效果的衡量指标为毛细管效应（图5-3）。毛细管效应是指将织物一端垂直浸在水中，测量30min后水垂直浸入织物上升的高度。一般织物的毛细管效应要求每30min达到8~10cm。

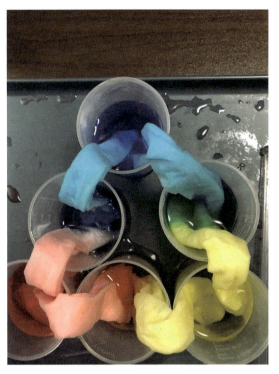

图5-3 毛细管效应

### 5.1.1.5 漂白

经过煮练，织物上大部分的天然杂质和浆料等已经被除去，但是还需要去除纤维上的天然色素，赋予织物必要的和稳定的白度，而纤维本身不受损伤。

次氯酸钠（NaClO）是目前纯棉织物漂白中应用最广泛的漂白剂，漂白时成本较低，设备简单，但对退浆、煮练的要求较高。过氧化氢（$H_2O_2$）是一种优良而广泛使用的氧化漂白剂，白度高且稳定，对煮练要求低，可与碱退浆、碱精练同浴处理。漂白效果既要考虑织物白度，又要兼顾纤维强度。

### 5.1.1.6 开幅、轧水、烘燥

经过练漂加工后的绳状织物必须恢复到原来的平幅状态，才能进行后续加工。绳状织物扩展成平幅状态的工序叫开幅，在开幅机上进行（图5-4）；开幅后轧水能较大限度地消除前工序绳状加工带来的褶皱，使布面平整，在流水冲击下会进一步去除杂质；织物经过轧水后，还含有一定量的水分，这些水分只能通过烘干去除。这三个工序简称开轧烘。如果前序加工是平幅进行的，则只需要轧水、烘干。

### 5.1.1.7 丝光

丝光是指棉织物在一定张力作用下经浓碱溶液处理，使棉纤维剧烈溶胀并在张力作用下变为光洁的圆柱体，提高纤维的吸附性能、化学活泼性和取向度，从而使织物获得耐久、良好的光泽，同时提高和改善纺织品的尺寸稳定

图5-4 全自动退捻开幅洗毛轧水一体机

性、染色性能、拉伸强度等。

室温浸轧烧碱溶液，在低温、高碱浓度作用下，织物经纬向都受到一定的张力。然后在张力条件下冲洗掉烧碱，直到每千克干织物上的带碱量小于70g后，才可以放松纬向张力并继续洗去织物上的烧碱，使丝光后落布幅宽达到成品幅宽的上限，织物pH值为7~8。目前常见的丝光设备有布铗丝光机、直辊丝光机及弯辊丝光机三种，常用的是布铗丝光机（图5-5）。

图5-5　布铗丝光机

衡量丝光效果的指标是钡值，钡值是相对地表示丝光纤维的化学能力的效果，它是丝光纤维与未丝光纤维对氢氧化钡的吸收数量比值。一般丝光后棉织物的钡值为130~150。决定丝光效果的主要因素有碱浓度、温度、作用时间以及对织物所施加的张力。

## 5.1.2　苎麻纤维织物的前处理

苎麻原麻纤维上含有大量杂质，其中以多糖胶状物为主，含胶量一般在20%以上，使苎麻纤维僵硬，纺纱前需除去原麻纤维中的胶质。除去胶质的过程称为脱胶，从而得到精干麻。脱胶的过程中苎麻的单纤维相互分离。织成织物后，视含杂情况和产品要求进行不同程度的前处理。前处理工序基本同棉织物。一般为烧毛→退煮→漂白→丝光。对于纯麻稀薄织物，退浆和煮练可以合一，厚重织物可以采用先退浆后煮练工艺。麻织物具有强度高、易皱、易擦伤、碱存在下更易受到空气氧化作用、对酸及氧化剂作用敏感等特性，应采用平幅加工，不宜采用绳状加工。

## 5.1.3 羊毛纤维织物的前处理

从羊身上剪下来的原毛含有大量杂质（图5-6），杂质可分为天然杂质和附加杂质两类。天然杂质包括羊脂、羊汗；附加杂质主要为植物性杂质、尘土等。羊毛必须经过前处理才能进行纺织加工，前处理主要包括洗毛、炭化和漂白。

图5-6　羊毛原毛

**（1）洗毛**

清洗原毛中的羊脂、羊汗以及尘土杂质。洗毛一般采用皂碱法、合成洗涤剂加纯碱和溶剂法等。由于羊脂不溶于水，因此可通过表面活性剂的乳化等作用去除。洗毛质量的好坏，是用羊毛的含脂率进行衡量的，一般要求含脂率为1.2%左右，使羊毛的手感柔软丰满，并有利于梳毛和纺织过程的进行。工艺流程为开毛→浸渍→洗毛→漂洗→烘毛。

**（2）炭化**

经过洗毛后，原毛中的大部分天然杂质已被去除，但还存在植物性杂质如枝叶、草籽等碎片，有损羊毛外观，加工时易造成染疵，所以必须经过炭化处理以去除。炭化是指利用植物性杂质和羊毛纤维对无机酸有不同稳定性的原理，高温时植物性杂质的主要成分纤维素遇到酸脱水炭化，炭化后的杂质焦脆易碎，在机械作用下可从羊毛纤维中分离，从而除掉杂质。一般工序为浸水→浸轧酸液→脱酸→烘干→焙烘→轧炭→中和水洗→烘干。所用酸一般为硫酸，应严格控制浸酸用量和时间，浸轧酸液（$H_2SO_4$ 32~55g/L，室温，15~20min），避免造成羊毛损伤。

**（3）漂白**

羊毛织物洗练之后都比较洁白，一般不用经过漂白。对于白度要求较高的织物需加以漂白。最常用过氧化氢进行漂白,由于含氯的氧化剂对羊毛有氯损作用,损伤羊毛,所以不能用于漂白羊毛。

## 5.1.4 蚕丝织物的前处理

蚕丝(图5-7)中含有大量丝胶、油蜡、无机物、色素等天然杂质,同时有浆料、染料、油污等附加杂质等影响蚕丝的染整加工。蚕丝织物的前处理主要是精练和漂白。精练的目的主要是去除丝胶,同时附着在丝胶上的杂质也一并除去,因此,蚕丝的精练也叫脱胶。

图5-7 蚕丝

**(1)精练**

蚕丝由丝胶和丝素两部分组成。组成丝胶和丝素的氨基酸种类、含量不等,使得两者对水、化学品及蛋白质水解酶等的作用有明显不同。丝胶能在近沸点温度的水中膨化、溶解,而丝素不能溶解。基于丝素和丝胶这种结构上的差异以及对化学药剂稳定性不同的特性,利用酸、碱、酶等进行处理,除去丝胶及其他杂质,以改善纤维光泽、手感、白度及渗透性等。通常采用精练槽进行蚕丝织物的脱胶,有皂碱法、酶-合成洗涤剂精练法等。

皂-碱法及酶脱胶碱法工艺流程为预处理→初练→复练→后处理。

**(2)漂白**

经过脱胶以后,一般织物不需要经过漂白处理,但对白度要求高的织物需漂白,漂白用过氧化氢,次氯酸钠不能用于漂白丝织物。

## 5.1.5 化学纤维面料及其混纺织物的前处理

化学纤维面料在制造过程中已经经过洗涤去杂甚至漂白，但在织造过程中要上浆且可能沾上油污，因此仍需要进行一定程度的前处理。为了改善织物的服用性能，常和其他纤维进行混纺，混纺和交织织物的前处理工艺及条件应根据混纺织物的各种纤维的含杂情况、性能、混纺比等情况的不同而不同，在保证去杂的同时，又不损伤任何一种纤维。这里主要介绍涤棉混纺织物的前处理。

涤棉混纺织物的前处理一般包括烧毛、退浆、浸轧煮练液、漂白、丝光和热定型。

（1）烧毛

采用气体烧毛机，一正一反烧毛，高温快速。

（2）退浆

涤棉混纺织物上的浆料是以聚乙烯醇为主的混合浆料，因此可选用热碱退浆或氧化剂退浆。

（3）浸轧煮练液

在处理涤棉混纺织物时，如果其组成中棉纤维的比例较高，为了更有效地去除棉纤维上的杂质、提高织物的亲水性和后续的染色、印花性能，那么在制备并应用煮练液进行浸轧的过程中，应当相应地增加烧碱的用量。

（4）漂白

工艺与棉织物基本相同。漂白剂含量应稍微低些。

（5）丝光

涤棉混纺织物不耐碱，所以丝光时碱液浓度要低些，温度也要低一些。

（6）热定型

热定型温度为180～210℃，时间为15～60s。

# 任务5.2 服装材料的染色

染色是指用着色剂（染料或颜料）按一定的方法使纤维或织物获得颜色的加工过程。染色在一定温度、时间、pH值和所需染色助剂等条件下进行，各类织物的染色，如纤维素纤维、蛋白质纤维、化学纤维织物的染色，都有各自适用的染料和相应的工艺条件。

## 5.2.1 染色的基本知识

### 5.2.1.1 染色的基本过程

染色时将被染物浸入染液中，染料由水向纤维表面移动，吸附在纤维表面，纤维内外产生浓度梯度，染料由纤维外向纤维内扩散，当染液中的染料与纤维上染的染料量不再变化时，即染色达到平衡。

在印染加工中，为得到相对应色彩，常需用两种以上的染料进行拼染，通常称为拼染和配色。通常可使用品红、黄、青为拼色的三原色。用不同的原色拼合，可得红、绿、蓝三色，称为二次色。用不同的二次色拼合，或以一种原色和黑色或灰色拼合，所得颜色称为三次色。它们的关系如图5-8所示。

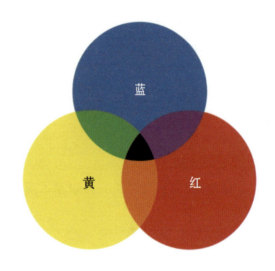

图5-8 各颜色的关系

### 5.2.1.2 染料概述

染料是指能使纤维或其他基质染色的有色有机化合物，但并非所有的有色有机化合物都可作为染料，染料需要有一定的染色牢度。染料可用于棉、毛、丝、麻及化学纤维等织物的染色，但不同的纤维所用的染料也有所不同。

（1）染料的分类

染料有两种分类方法：一种是按应用分类法来分，用于纺织品染色的染料主要有直接染料、活性染料、还原染料、硫化染料、酸性染料、阳离子染料、分散染料等；另一种是按化学分类法来分，可分为偶氮染料、蒽醌染料、靛族类染料、三芳甲烷染料等。

各类纤维各有其特性，应采用相应的染料进行染色。纤维素纤维织物可用直接染料、活性染料、还原染料、硫化染料等进行染色。蛋白质纤维织物和锦纶织物可用酸性染料、酸性含媒染料等进行染色；腈纶织物可用阳离子染料进行染色；涤纶织物可用分散染料进行染色。

（2）染色牢度

染色产品的色泽应鲜艳、均匀，同时必须具有良好的染色牢度。染色牢度是衡量染色产品质量的重要指标之一。染色牢度种类有许多，主要有耐晒牢度、耐气候牢度、耐洗牢度、耐汗渍牢度、耐摩擦牢度、耐升华牢度、耐熨烫牢度、耐漂牢度、耐酸牢度、耐碱牢度等。除耐晒牢度为8级外，其他牢度都为5级九档，1级表示牢度最差，5级表示牢度最好。

### 5.2.1.3　染色基本理论

（1）上染过程

所谓上染，就是染料从染液（或介质）中向纤维转移，并使纤维染透的过程。染料上染纤维的过程大致可分为以下三个阶段。

① 吸附阶段：染料从染液中向纤维表面扩散，并上染纤维表面。
② 扩散过程：吸附在纤维表面的染料向纤维内部扩散。
③ 固着过程：染料固着在纤维内部。

（2）染色方法

按纺织品的形态不同，主要有散纤维染色、纱线染色、织物染色三种。散纤维染色多用于混纺织物、交织物和厚密织物所用的纤维；纱线染色主要用于纱线制品和色织物或针织物所用纱线的染色；织物染色工艺中，被染物可以涵盖广泛的纺织品，包括但不限于机织物和针织物，它们既可以是纯纺织物，又可以是混纺织物。

### 5.2.1.4　染色设备

染色设备是染色的必要工具。染色设备按照纺织品形态分类，可分为织物染色机、纱线染色机、散纤维染色机；按染色时压力和温度情况分类，染色设备分为常温常压染色机和高温高压染色机；此外，还可按操作是间歇还是连续、织物是平幅还是绳状分类（图5-9）。

图5-9　染色设备

## 5.2.2 直接染料染色

直接染料（图5-10）被定义为对纤维素纤维具有亲和性的阴离子染料，通常在含有氯化钠或硫酸钠电解质的水性染浴中使用。直接染料的染色过程非常简单，通常在中性或弱碱性染浴中，在沸点或接近沸点时进行，但大多数直接染料染色都需要单独的后处理，如阳离子填充剂固定，以提高水洗牢度。

图5-10 直接染料

直接染料具有直线、长链、同平面和贯通的共轭体系，能与具有直线、长链型的纤维素大分子相互靠近，依靠其分子间引力而产生较强的结合。同时染料分子结构上具有氨基、羟基、偶氮基、酰胺基等，能够与纤维素大分子上的羟基形成氢键，使染料对纤维有直接性，从而完成染色。直接染料染色方法简单，以卷染为主，由于受染料溶解度及上染速率的限制，轧染仅限于浅、中色。染色一般在中性或弱碱性介质中进行，在酸性溶液中不适用于染棉，在弱酸性介质中可以染丝绸。

由于直接染料水溶性较好，染色后织物与水接触，染料重新解吸而向水中扩散，湿处理牢度较低，因此可选用金属盐后处理、阳离子固色剂等降低染料的水溶性，从而提高染料的染色牢度。

## 5.2.3 活性染料染色

活性染料（图5-11）是水溶性染料，分子中的活性基团可以在弱碱性条件下与纤维素分子上的羧基发生共价键结合。如果洗去浮色，染后织物的皂洗牢度和摩擦牢度都很高。活性染料的日晒牢度一般也较佳，而且色泽鲜艳，色谱齐全，得色均匀，使用方便，成本低廉，多用于棉和丝的染色。

图5-11　活性染料

活性染料水溶性好，很容易被洗掉，因此，必须用碱剂促使染料与纤维产生化学反应，把染料固着在纤维上。

活性染料染色有浸染、卷染、轧染及冷堆染色。不同类型的活性染料适合不同的染色方法。

（1）浸染

浸染宜选用亲和力较高的活性染料，浸染方法有一浴一步法、一浴二步法和二浴法。一浴一步法是将染料、促染剂及碱剂等在染色开始的时候一起加入染浴。一浴二步法是先将织物在中性浴中上染，并加电解质促染，再加入碱剂进行固色。二浴法是先将织物在中性浴中上染，并加电解质促染，然后在另一种不含染料的碱性浴中进行固色处理。

（2）卷染

卷染与浸染工艺流程基本相似，卷染工艺适宜小批量、多品种的生产。染色方便，周转灵活，能染浅、中、深色。为保持染色和固色温度，染缸上应加罩，防止由于蒸汽逸散和布卷温度不均而影响质量。卷染机如图5-12所示。

图5-12　卷染机

（3）轧染

轧染宜选用亲和力较低的染料染色，分一浴法和二浴法。一浴法是将染料和碱剂放在同一染浴中，织物浸轧染液后通过汽蒸或焙烘固色。二浴法是指染料和碱剂分浴，织物先浸轧染料溶液，再浸轧含碱剂的溶液，然后汽蒸固色。一浴法适合反应性较强的活性染料，二浴法适合反应性较弱的活性染料。轧染设备如图5-13所示。

图5-13 轧染设备

轧染工艺流程如下。

一浴法：浸轧染液→烘干→固色（汽蒸或焙烘）→水洗→皂洗→水洗→烘干。

二浴法：浸轧染液→烘干→浸轧固色液→汽蒸→水洗→皂洗→水洗→烘干。

## 5.2.4 还原染料染纤维素纤维织物

还原染料不溶于水，需在碱性较强的还原溶液中生成隐色体钠盐后才能染色，主要适合纤维素纤维织物、维纶织物的染色。还原染料染色方法可分为隐色体染色法和悬浮体轧染法两种。

### （1）隐色体染色法

隐色体染色是把染料预先还原成隐色体，在染浴中被纤维吸附，然后进行氧化、皂洗。隐色体染色适合纱线染色。根据染料性质不同，可采取干缸还原法和全浴还原法进行染料还原。若还原条件剧烈，易造成染料水解或过度还原。

### （2）悬浮体轧染法

把未经还原的染料颗粒与扩散剂通过研磨混合，制成高度分散的悬浮液。织物在该液中浸轧后，染料均匀附着在纤维上，然后用还原液使染料直接在织物上还原成隐色体而被纤维吸收，最后经氧化而固着在纤维上，这种染色方法称悬浮体轧染法，可以解决白芯问题。

## 5.2.5 硫化染料染纤维素纤维织物

硫化染料是一种含硫的染料，不溶于水，应先用硫化钠将染料还原成可溶性的隐色体，硫化染料的隐色体对纤维素纤维具有亲和力，上染纤维后再经氧化，在纤维上形成原来不溶于水的染料而固着在纤维上。染色一般需要经过染料的还原溶解、隐色体的上染、隐色体的氧化和氧化后的处理四个过程。硫化染料成本低廉，一般用于染中低档产品。

## 任务5.3 服装材料的印花

印花是指织物局部印制上染料或颜料而获得花纹或图案的加工过程。对于印花，绝大部分是织物印花，当染色和印花使用同一种染料时，所用的化学助剂的属性是相似的，染料的着色机理是相同的，织物上的染料在服用过程中对各项牢度的要求是相同的（图5-14）。

图5-14 服装材料的印花

### 5.3.1 印花概述

织物印花是一个综合性的加工过程。一般来说，它的全过程包括图案设计、花筒雕刻（或筛网制版）、色浆配制、印制花纹、蒸化、水洗后处理等几个工序。服装材料印花主要是纤维素纤维织物、蚕丝绸和化学纤维及其混纺织物印花，毛织物印花较少，纱线、毛条也有印花的。

染色和印花的不同如下。

① 加工介质不同。染色以水为介质，印花则需要加入糊料和染料一起调制成印花色浆，以防止花纹的轮廓不清或花形失真而达不到图案设计的要求，以及防止印花后烘干时染料的泳移。

② 后处理工艺不同。染色的后处理通常是水洗、皂洗、烘干等工序，不需要其他特殊的后处理。印花后烘干的糊料会形成一层膜，阻止染料向纤维内渗透扩散，一般印花后采用蒸化或其他固色方法来促进染料的上染，最后印花织物要进行充分的水洗和皂洗，以去除糊料及浮色，改善手感，提高色泽鲜艳度和牢度，保证织物空白处的洁白。

## 5.3.2 印花方法

### 5.3.2.1 按设备分

**（1）滚筒印花**

其优点是：劳动生产率高，适合大批量生产；花纹轮廓清晰、精细，富有层次感；生产成本较低。缺点是：印花套色数受到限制；单元花样大小和织物幅宽所受的制约较大；织物上先印的花纹受后印的花筒的挤压，会造成传色和色泽不够丰满，影响花色鲜艳度（图5-15）。

**（2）筛网印花**

筛网印花的特点是对单元花样大小及套色数限制较少，花纹色泽浓艳，印花时织物承受的张力小，因此，特别适合易变形的针织物、丝绸、毛织物及化纤织物的印花。但其生产效率比较低，适合小批量、多品种的生产。根据网的形状，筛网印花可分为平板筛网印花（图5-16）和圆筒筛网印花。

**（3）转移印花**

转移印花是先用染料制成的油墨将花纹印到纸上，然后在一定条件下使转印纸上的染料转移到织物上去的印花方法。利用热量使染料从转印纸上升华而转移到化学纤维上去的方法称为热转移法（图5-17），用于涤纶等化学纤维织物。热转移印花的图案花型逼真，艺术性强，工艺简单，节能，无污染；缺点是纸张消耗量大，成本有所提高。

图5-15　滚筒印花机

图5-16　平板筛网印花

图5-17　热转移印花

**（4）数码喷墨印花**

数码喷墨印花是通过各种数字输入手段把花样图案输入计算机，经计算机分色处理后，将各种信息存入计算机控制中心，再由计算机控制各色墨喷嘴的动作，将需要印制的图案喷射在织物表面上完成印花（图5-18）。其电子、机械等的作用原理与计算机喷墨打印机的原理基本相同，印花形式完全不同于传统的筛网印花和滚筒印花，对使用的染料也有特殊要求，不但要求纯度高，而且还要加入特殊的助剂。

图5-18　数码喷墨印花

## 5.3.2.2 按印花工艺分

**（1）直接印花**

直接印花是将含有染料或颜料、糊料、化学药品的色浆直接印在白色织物或浅地色织物上（色浆不与地色染料反应），获得各色花纹图案的印花方法。其特点是印花工序简单，适合各类染料，故广泛用于各类织物印花（图5-19）。

**（2）拔染印花**

也称雕印，指在已染色的织物上印上可消去地色的色浆而产生白色或彩色花纹的印花工艺（图5-20）。印花处成为白色花纹的拔染工艺称为拔白印花。如果在含拔染剂的印花色浆中，还含有一种不被拔染剂所破坏的染料，在破坏地色染料的同时，色浆中的染料随之上染，从而使印花处获得有色花纹的称为色拔印花。拔染印花能获得地色丰满、轮廓清晰、花纹细致、色彩鲜艳、花色与地色之间无第三色的效果。但印花工艺烦琐，成本较高。

图5-19 直接印花

图5-20 拔染印花

**（3）防染印花**

这是一种独特的印花工艺，其核心在于先对织物进行染色，再进行印花操作。在这个过程中，未经染色的织物上首先印上防染剂。这种防染剂的主要作用在于防止地色染料在印花部分上色（或显色、固色），从而在织物上形成独特的花纹图案（图5-21）。

经过洗涤后，这些印花处若呈现白色花纹，那么这种技术便被称作"防白印花"。但如果在使用防白技术的同时，还在印花色浆中添加了与防染剂不发生作用的染料，那么在地色染料上色的同

图5-21 防染印花

时，这些额外添加的染料也会上染到印花处，使印花部分呈现出彩色，这种技术就被称为"着色防染印花"或简称"色防"。防染印花工艺的一个显著优势是其流程相对较短，且适合多种地色染料。然而，与拔染印花相比，其花纹的精细度可能稍逊一筹。

# 任务5.4　服装材料的后整理

服装材料的后整理是指通过物理、化学或两者结合的方法来改善织物外观和内在质量，提高纺织品服用性能或赋予其特殊功能的加工过程。

常将织物在练漂、染色和印花以外的加工过程称为织物后整理。按照纺织品整理的目的可分为常规整理和特种整理。常规整理又称为一般整理，通常把使织物门幅宽度整齐划一、尺寸和形态稳定的定型及预缩整理、外观整理、手感整理等划分为常规整理；特种整理主要是赋予织物某种特殊性能的整理加工方式，主要包括防护性功能整理、舒适性功能整理、抗生物功能整理等。本任务主要介绍常规整理。

## 5.4.1　棉织物后整理

棉织物在之前一系列的加工过程中，由于经常受到拉伸、干燥等作用，其尺寸会发生变化、手感粗糙，为改善产品品质，通常要用机械进行整理，包括定型整理，轧光、电光及轧纹整理，手感整理，增白整理，树脂整理等。

### 5.4.1.1　定型整理

定形整理主要是消除织物的内应力，保证织物尺寸稳定性，通常采用拉幅、机械预缩等整理调整织物的结构。

（1）拉幅（定幅）整理

拉幅是将棉织物在湿热条件下，利用外力将其幅宽缓慢拉至规定的尺寸，从而消除部分内应力，调整经纬纱在织物中的形态，使织物门幅整齐划一，纬斜得到纠正，织物经烘干冷却后可获得稳定的尺寸。拉幅整理通常在拉幅机（图5-22）上进行，由给液、拉幅、烘干三部分组成。

图5-22　拉幅机

图5-23　三橡胶毯预缩机

#### （2）机械预缩整理

棉纤维吸湿溶胀具有各向异性，横截面溶胀程度比径向大得多，导致经纬纱相互抱绕屈曲波增高、织物密度增加、出现织缩增大现象，造成织物缩水。纤维吸湿性越强，缩水越严重。由于受纤维间摩擦阻力、纱线间交织阻力的影响，织物的缩水具有不可逆性。机械预缩整理是指通过机械方法，减小织物内应力、增加织物的织缩，使织物具有更松弛的结构，消除织物潜在收缩的趋势。常用三橡胶毯预缩机进行机械预缩处理（图5-23）。具体操作是将含湿的织物紧贴在橡胶毯表面，织物随橡胶毯发生形变，因橡胶毯表面的压缩而压缩，使织物纬纱密度增加、经向收缩，达到预缩的效果。

### 5.4.1.2　轧光、电光及轧纹整理

轧光、电光及轧纹整理均属于改善织物外观的机械整理，前两种以增进织物光泽为主，后者可使织物具有凹凸花纹的立体效果。轧光整理是通过机械压力、温度及湿度作用，借助纤维的可塑性，使织物表面压平、纱线压扁，以提高织物表面光泽及光滑平整度（图5-24）。电光整理采用表面刻有与轧辊轴心呈一定角度的、相互平行斜线的硬轧辊，对织物表面进行轧压，形成与主要纱线捻向一致的平行斜纹，对光线呈规则的反射，给予织物丝绸般的柔和光泽。轧纹整理是利用刻有花纹的轧辊轧压织物，使织物表面产生凹凸花纹的效果。

### 5.4.1.3　手感整理

手感整理按需求分为柔软整理和硬挺整理两大类。

#### （1）柔软整理

又可分为机械柔软整理和化学柔软整

图5-24　轧光机

理两种。机械柔软整理是通过松弛织物结构、经多次屈曲和轧压降低织物的刚度以及增加织物表面的丰满度和蓬松度来改善手感。化学柔软整理是通过柔软剂、砂洗和生物酶处理等来改善手感,常用柔软剂来降低纤维的摩擦系数。柔软剂分为表面活性剂类和高分子聚合物乳液类两类,赋予织物柔软性能的同时,使织物具有拒水、抗静电等功能。

### (2) 硬挺整理

硬挺整理是利用能成膜的高分子黏附在织物表面,干燥后织物就有硬挺、平滑、厚实、丰满的手感。利用改性天然浆料、合成浆料和合成树脂的硬挺整理工艺可获得耐洗的效果。具体可采用浸轧上浆、单面上浆或摩擦面轧上浆三种方式。上浆后用烘筒烘燥机进行烘干。

## 5.4.1.4 增白整理

织物漂白后的白度得到很大提高,但还会带有一些浅黄褐色,为进一步提高漂白织物的白度,可采用上蓝和荧光增白两种方法。上蓝增白是利用少量蓝色或紫色染料或涂料使织物着色,纠正织物上的黄色,使其视觉上有较白的感觉;但亮度反而下降,灰度增加,不耐洗。荧光增白是用荧光增白剂(图5-25)将太阳光谱中不可见的紫外线部分转变成蓝紫光的可见荧光,与织物上反射出的黄光混合为白光,增加了反射率,使织物的亮度提高,对浅色织物有增艳的作用。

图5-25 荧光增白剂

## 5.4.1.5 树脂整理

纤维素纤维织物弹性差,在服用过程中不能保持平整的外观,因此,可通过树脂整理剂与纤维素纤维上的羟基发生交联反应并沉积在纤维上,限制纤维素分子链相对滑移,使纤维素分子不易变形,发生变形后快速恢复原状,从而使棉织物达到免烫(洗可穿)、耐久压烫的效果。可采用干态、湿态及潮态交联工艺进行加工。

干态交联加工流程为:浸轧树脂整理剂→拉幅烘干→高温焙烘→水洗后处理。整理后织物干防皱性能优良,但湿防皱性能较差,断裂强力和耐磨性下降较多。

湿态交联加工流程为:浸轧树脂整理剂→打卷保温堆置→水洗→烘干→预缩。整理后织物强力损失少,湿防皱性能优良,但干防皱性能改善不多。

潮态交联加工流程为:浸轧树脂整理液→烘干→打卷保温堆置→水洗→烘干→预缩。整理后织物的耐磨性和强力损失少。

目前常见的树脂整理液有$N$-羟甲基酰胺类整理剂及多元羧酸类无甲醛整理剂。

## 5.4.2 毛织物后整理

毛织物可分为精纺毛织物（图5-26）和粗纺毛织物（图5-27）两类，其整理包括干整理和湿整理。对于精纺毛织物，要求织物表面平整、光洁、手感丰满等，其整理主要有煮呢、洗呢、拉幅、刷毛、剪毛、蒸呢及压呢等；对于粗纺毛织物，要求织物紧密厚实以及表面覆盖一层均匀整齐、不脱落、不露底、不起球的绒毛，其整理主要有缩呢、洗呢、拉幅、干燥、起毛、刷毛、剪毛及蒸呢等。

图5-26　精纺毛织物

图5-27　粗纺毛织物

（1）湿整理

① 洗呢。毛织物经洗涤剂洗除杂质的加工即为洗呢，利用洗涤剂溶液润湿毛织物，经过机械挤压、揉搓作用，去除纺纱、织造时的和毛油、抗静电剂等杂质，使织物洁净。洗呢时要保持一定的含油率，防止呢面毡化。常用非离子型和阴离子型表面活性剂进行洗呢。

② 煮呢。煮呢是利用湿、热及张力作用，使羊毛纤维分子链受到拉伸，二硫键、氢键和离子键减弱、拆散，消除织物内部不平衡应力，使之平整且在后续湿处理中不易变形的整理过程。此过程能够达到永久定形，避免后续加工中产生皱纹或不均匀收缩，主要用于精纺毛织物，有先煮后洗、先洗后煮、染后煮呢三种加工方式。

③ 缩呢。缩呢是在缩呢剂和机械力作用下，利用羊毛纤维的定向摩擦效应、卷曲性和高回弹性而形成绒面织物，主要用于粗纺毛织物，使织物的厚度增加，强力提高，手感丰满、柔软，保暖性更好。根据缩呢剂的不同，分为酸性缩呢、碱性缩呢和中性缩呢。

（2）干整理

干整理是毛织物在干燥状态下的整理，包括起毛、刷毛、剪毛、蒸呢等。起毛用于大部分粗纺毛织物，使织物呢面具有一层均匀整齐的绒毛，遮盖织纹，手感丰满，保暖性增强。精纺毛织物剪毛可使呢面洁净，织纹清晰，改善光泽；粗纺毛织物剪毛可使呢面平整，增进外观。剪毛前刷毛可去除织物表面的散纤维，同时使纤维尖端立起，利于剪毛；剪毛后刷毛可使绒毛梳顺理直，呢面光洁。蒸呢是利用羊毛在湿热条件下的定形作用，使织物在一定张力和压力条件下，经过一定时间汽蒸，使织物呢面平整，光洁自然，手感柔软而富有弹性，使织物获得永久定形。

### 5.4.3　真丝织物后整理

真丝织物湿回弹性低，易缩水、褶皱，因此需通过整理加工改善织物性能，但应尽可能避免摩擦，减小张力，以免影响其固有特性。真丝织物的整理加工包括机械整理和化学整理两类。机械整理主要包括烘干、定幅、机械预缩、蒸绸、机械柔软整理、轧光等；化学整理主要包括手感整理、增重整理及防皱整理。另外，采用物理、化学的方法进行砂洗整理，可以使真丝织物全面起毛；同时施加柔软、弹性整理，产品手感柔软、丰满，悬垂飘逸，具有免烫性。

### 5.4.4　化学纤维织物后整理

为改善化学纤维外观和手感，与各种天然纤维织物更加相似，可通过各种整理加工赋予织物优良的服用性能，使织物门幅整齐、尺寸稳定，具有舒适、柔软、亲水、防污和抗静电等性能，从而提高产品的附加价值。

#### 5.4.4.1　磨绒整理

通过磨绒设备使磨绒砂皮辊与织物紧密接触，磨粒和夹角将弯曲纤维割断成小于一定规格的单纤，再磨削成绒毛掩盖织物表面织纹，达到桃皮、麂皮或羚羊皮等特殊效果的整理，称为磨绒整理。磨绒整理后可使织物获得丰满的手感、优良的悬垂性和形状尺寸稳定性。磨绒整理对织物半制品有一定的要求，半制品退浆应净，煮练应透，涤纶的减量率应一致，布面应平整，无色差，手感柔软。磨绒整理一般可分为桃皮绒整理和仿麂皮整理。

#### 5.4.4.2　舒适性整理

利用化学方法对纤维进行改性，从而赋予织物柔软、亲水、防污和抗静电性能的整理称为舒适性整理。由于化学纤维织物强度高、手感硬、亲水性差，并因静电积累现象而产生静电，因此，对化学纤维织物要进行柔软整理、亲水整理、抗静电整理和防污整理等，以改善织物的穿着舒适性。

（1）亲水性整理

纤维的吸水速度快、透湿性好和保水率高，有利于汗液的散发。经亲水整理后，由于吸湿、透湿和放湿性改善，因而其服用舒适性自然得以改观。化学纤维经亲水性整理后，除具有良好的亲水性外，还兼有一定的柔软性、抗静电性和防污效果。

化学纤维亲水性整理除了可在纤维本身的分子结构中引入亲水性的单体，形成功能性的亲水性纤维外，还可通过后整理的方法对纤维进行加工处理，使其具有亲水性。可用作亲水性整理的化合物有聚酯聚醚树脂、丙烯酸系树脂、亲水性乙烯化合物、聚亚烷基氧化物、纤维素系物质和高分子电解质等。

（2）抗静电整理

两物体相互摩擦，物体表面的自由电子通过物体界面相互流通，若物体为不良导体，电子逸散力低，电荷难以逸散消失而聚集积累，产生静电。要防止静电，可通过增加电荷的逸散速度或抑制静电产生来加以实现。一般纤维的吸湿性越好，导电性越强，因此，目前比较普遍采用的抗静电方法与亲水性整理类似，是将亲水性的物质（抗静电剂）施加在纤维表面，以提高织物的亲水性，赋予织物吸湿性，使其导电性增加，从而防止带电。

### 5.4.4.3 功能整理

随着生活水平的不断提高，人们对环境和自身生活质量更加关注，织物的整理加工更加多样化、功能化，多以舒适、清洁与安全为基准，并与其他功能整理相交叉加工。

（1）防水（拒水）整理

防水（拒水）整理是指在织物表面涂上一层不透水、不溶于水的连续薄膜堵塞织物孔隙，使水和空气都不能透过的整理。所用的防水剂：一是采用熔融涂层法进行加工的疏水性的油脂蜡和石蜡；二是采用制桥压或海膜熔接等方式加工的亲水性的橡胶、热塑性树脂等。

（2）防污整理

防污整理包括拒油整理和易去污整理。拒油整理是降低织物表面张力，使其低于油的表面张力，则油类污垢在织物表面不易铺展，处理后的织物更具有拒水性。易去污整理是对疏水性纤维进行亲水性整理，使这类织物在水中的表面能降低，污垢易脱除，并不易被再沾污。

（3）阻燃整理

阻燃整理是指经过整理的织物具有不同程度的阻止火焰蔓延的能力，离开火源后，能迅速停止燃烧。多用于冶金消防工作服、军用纺织品、舞台幕布、地毯及儿童服装等。

（4）抗静电整理

两种物体相互摩擦时，物体表面会产生静电积聚。静电现象在生产和日常生活中常给人们带来麻烦。织物的抗静电整理可通过对纤维进行化学改性、在聚合物内加入抗静电剂共混纺丝、使用导电纤维与其他纤维进行混纺或交织、对纤维进行表面处理等方法来实现。抗静电剂的种类主要有阳离子型、阴离子型、非离子型、两性型、高分子型等。

### （5）抗菌防臭整理

为了防止产生臭味，必须赋予纺织品抗菌的功能。这样不仅可以避免纺织品因为细菌的侵蚀受到损失，而且可以阻断纺织品传递细菌的途径，阻止致病菌在纺织品上繁殖以及细菌分解在织物上的污物而产生臭味。纺织品抗菌整理可通过将织物浸轧含有抗菌整理剂的溶液并烘干。抗菌整理剂与纤维发生化学反应而结合在织物上，或沉积在纤维表面，获得耐久的抗菌性。

**思考题**

1. 简述棉织物预处理的步骤。
2. 简述活性染料染色的步骤。
3. 简述根据不同工艺的印花分类。
4. 毛织物后处理的步骤有哪些？

**项目练习**

1. 一般烧毛质量需要达到（　　）。
   A. 1级　　　　　　B. 2级
   C. 3级　　　　　　D. 4级
2. 在生产加工中棉织物经常受到拉伸、干燥等作用，其尺寸会发生变化、手感粗糙，为改善产品品质，通常要进行（　　）。
   A. 染色　　　　　　B. 印花
   C. 漂白　　　　　　D. 后整理
3. 卷染一浴法的具体步骤是：浸轧染液→烘干→＿＿＿→＿＿＿→＿＿＿→水洗→烘干。
4. 毛织物可分为精纺毛织物和粗纺毛织物两类，其整理包括＿＿＿和＿＿＿。
5. 中国有哪些传统的服装印花方式？

# 项目 6
# 服装面料选配

**教学内容** 服装面料选配的基本要求；服装面料选配的方法；不同类别的服装面料选配。

**知识目标** 了解不同种类服装对材料的要求，熟悉服装裁剪、缝制、设计等对面料的选择要求。

**能力目标** 掌握不同类别服装面料选配的关键点。

**思政目标** 培养学生传承中华优秀传统文化，提高创新能力，强调环保和节俭理念，培育和践行社会主义核心价值观。

人类的着装行为背后蕴藏着深刻的多重意义，这些意义不仅满足了人们生活的多种目的和需求，更推动了服装功能的多样化和丰富化。在人类历史的长河中，随着文明的进步和文化形态的演变，服装的机能和作用不断得到拓展和深化，最终形成了今天丰富多彩、形式多样的衣着文化。人类的生存需求可以概括为两大方面：一方面是为了应对严酷的自然环境，保护自身生命安全的生理需求；另一方面是在复杂的社会环境中，通过着装来展现自我、扩展影响力甚至改变形象的心理需求。

同样地，服装的功能也可以从生理和心理两个层面来解读。生理功能是服装在自然环境中保护人体所必需的，如保暖、防晒、遮风挡雨等；心理功能是服装在社会环境中，作为人类文化和社会交往的媒介所必需的，如身份认同、审美表达、情感沟通等。服装面料作为服装的核心组成部分，对服装的最终呈现效果具有至关重要的影响。不同的面料材质、色彩、纹理等，都会直接影响到服装的视觉效果、穿着体验以及文化内涵。因此，选择合适的服装面料，不仅是为了满足人们的生理需求，更是为了满足人们在社会交往中的心理需求和文化需求。

随着新材料与技术的飞速发展，现代服装已不再仅仅局限于色彩与图案的和谐搭配、款式的新颖美观和工艺的精细。更重要的是，服装面料的变革日新月异，新产品层出不穷，令人目不暇接。对于服装专业的学生和广大服装行业从业者而言，如何根据消费者的独特个性和审美需求，深入了解各种服装面料的构成特性，进而合理选择风格各异的面料，设计出满足市场需求的服装产品，已成为一项至关重要的能力。这不仅是对个人专业素养的考验，更是每个服装行业从业者所肩负的使命。

本项目主要从服装面料选配的基本要求、服装面料选配的方法、不同类别的服装面料选配三个方面分析服装面料选配。

# 任务6.1　服装面料选配的基本要求

服装面料的精心选择与巧妙运用，不仅直接影响服装款式设计的精彩程度，更决定着制作过程的顺利进行，以及最终着装的整体效果。因此，确保服装面料的正确选择与运用，对于整个服装设计流程而言，具有至关重要的意义。

## 6.1.1　服装面料材质的要求

服装因其多样化的用途、款式和风格，对面料的需求也呈现出显著的差异。在选择服装材料时，需要综合考虑外观吸引力、穿着舒适度、保养便捷性、耐用性以及价格等多个方面。特别是在特定用途下，可能会特别强调某一方面的特性而相对淡化其他方面。例如，运动场上的运动员为了发挥出他们的最高水平，会穿着适合锻炼、阻力小、舒适的运动装；而对于需要出席重大场合的人群而言，身着正装或礼服表示对场合的尊重。因此，在面料的选择上，需要根据服装的具体用途和风格进行有针对性的考量。对服装面料材质的要求见表6-1。

表6-1 对服装面料材质的要求

| 服装类别 | 用途 | 对面料材质的基本要求 |
| --- | --- | --- |
| 日常生活装 | 日常生活用 | 耐用、舒适、简朴、符合职业角色的需要 |
| | 休闲生活用 | 穿着舒适、吸湿透气性好、便于活动 |
| | 不同身体用 | 柔软舒适、易洗耐穿、适合特殊形体需要 |
| 社交礼仪用装 | 社交用、拜访用、礼仪用 | 注重美观，对色彩、图案、潮流时尚等要求很高，并要求符合场合以及当地风俗习惯和社会文化 |
| 特殊作业装 | 特殊防护用、特殊环境用 | 有具备相应功能的特种材料，比如耐高温、耐高压、耐腐蚀，具有超高强度、抗氧化、抗细菌、抗紫外线、防水、防寒等 |
| 戏剧舞台装 | 表演用 | 符合剧情和角色的需要 |

## 6.1.2 服装面料工艺造型和制作的要求

下面主要从用料、排料、裁剪、缝纫、熨烫、装饰六个方面分析。

（1）用料

在选购面料前，准确计算所需用料至关重要。用料的多少主要取决于服装的款式、规格尺寸、面料的幅宽、利用率以及缩水率等因素。款式越复杂、分割线越多、尺寸越大，则用料相应增多。同时，了解各类面料的幅宽同样关键。

在计算用料时，还需特别留意面料的缩水性。天然面料的缩水率通常较大，其中毛料最为显著，其次是丝、麻，然后是棉。在化学纤维中，黏胶纤维的缩水率也较大，与丝绸相近，而化学纤维则几乎不缩水。面料的缩水率受多种因素影响，如机织或针织、色织或生织、混纺或纯纺、结构紧密或疏松以及是否经过防缩处理等。因此，在计算用料前，对面料进行仔细的鉴别和分析是必不可少的。

（2）排料

排料是确保样板裁片在面料上合理布局，尽可能达到面料利用率最大化，通常期望达到80%以上。在排料前，首先需确认面料的正反面和经纬方向。随后，遵循"先大后小、先主后次、平对平、凸对凹、大小搭配、紧密套排、见缝插针、见空补缺"的原则，确保裁片在面料上的排列既紧密又合理。由于针织物多为筒形，因此常采用"套料"排料法，这种排料方法有助于实现紧密的布局，从而降低生产成本，并有效节约用料。

### (3) 裁剪

裁剪质量的优劣与面料特性密切相关。在选用划粉时，需根据面料颜色挑选，确保划粉易识别且易清除。对于光滑且易移动的面料，如丝绸、人造丝和涤纶等化学纤维面料，裁剪时需迅速且准确。对于结构疏松、易变形和脱散的面料（如针织面料），裁剪时应轻柔操作，避免过度拉扯，同时缩短裁片或半成品悬挂时间以防变形。

特别在使用电剪裁剪含聚酯纤维、聚丙烯纤维、聚酰胺纤维面料时，务必注意电剪的温度，因这类面料熔点低，易产生熔融现象，导致布料和剪刀上残留熔融物。对于弹力面料，裁剪前应确保其自然松弛，避免过度拉伸导致裁片变形。

### (4) 缝纫

缝纫光滑或轻薄面料如丝绸的软缎、绡、纱类时，常遇送布不均和起皱问题。为改善这些问题，可采取以下措施：缝纫时垫上薄纸，双手辅助确保布料平整，并调整缝纫线张力适中，避免针距过密，且缝纫速度不宜过快。此外，也可采用挂浆法辅助裁剪和缝制，完成后再将浆料洗净。这些方法有助于提高缝纫质量，确保面料平整美观。

### (5) 熨烫

熨烫是服装加工的重要步骤，操作时务必谨慎。需注意温度、时间和压力的控制，不得超过面料承受的极限。对于天然纤维，如毛料和丝绸，熨烫温度相对较高，且最好垫上湿布熨烫，有助于面料在湿热环境下更好定型，并保护面料不受损伤。对于易起皱、起绒、起毛的面料，建议使用蒸汽熨斗，并避免用力过猛，以防面料受损和绒毛倒伏。对于轻薄的织物，熨烫时间应缩短，并持续移动熨斗，避免长时间停留在同一位置，以防织物受损。

### (6) 装饰

随着时尚审美的日益多元化，服饰在服装设计中扮演着不可或缺的角色。装饰面料的选择与运用，需根据面料质地的不同而采用不同的方法。对于优雅的丝绸面料，刺绣、钉亮片和钉珠等工艺是理想之选，它们相互映衬，营造出璀璨夺目的效果；对于质朴的棉麻面料，更适合采用贴布绣、镂空、挖纱、镶嵌、扎染和手绘图案等工艺，展现丰富的层次感和个性魅力；对于皮革面料，因其不易脱散的特性，适合采用镂空和压花工艺，赋予作品独特的质感和纹理。

## 任务6.2 服装面料选配的方法

服装面料是构成服装表层或主体的核心材料，其首要功能是满足服装的各项性能要求，同时不可忽视满足穿着者的审美和生理需求。随着时代的进步，服装品类日益丰富多样，在挑选符合个人需求的服装时，必须综合考虑影响服装面料选择的各种因素。

## 6.2.1 服装所表现的侧重点

服装所表现的侧重点因款式、风格、目的和受众的不同而有所差异。美观性方面，服装首先吸引人们注意的是其外观美感。设计、色彩、图案和整体造型都是影响美观性的重要因素。时尚、优雅、独特或复古等风格都能通过服装的视觉效果来展现。

舒适性方面，穿着的舒适度是服装的另一个重要侧重点。这包括面料的质地、透气性、柔软度以及服装的剪裁和设计是否适合人体工学等。舒适的服装能够让穿着者感到自在和放松。

功能性方面，许多服装强调其功能性，以满足特定的需求。例如，运动装需要具有吸汗、透气和弹性等特性；户外装需要具有防风、防水和保暖等功能；职业装则需要体现专业和正式的形象。

文化或传统方面，服装常常承载着文化或传统的意义。不同的民族、地区或时代都有其独特的服饰风格和符号。通过穿着特定的服装，人们可以表达对自己文化的认同和尊重。

随着环保意识的提高，越来越多的服装开始注重环保和可持续性。这包括使用可再生材料、减少生产过程中的浪费以及推广环保的穿着和洗涤方式等。

总之，服装所表现的侧重点因各种因素而异。设计师和消费者在选择或设计服装时，需要综合考虑自己的需求、场合、文化和个人风格等因素。

## 6.2.2 服装面料与服装整体的协调性

服装面料与服装整体的协调性在服装设计中至关重要，它关系到服装的整体美感、穿着的舒适性和功能性。

首先要风格统一，服装的面料应与整体设计风格保持一致。

其次要色彩和谐，面料的颜色应与服装的整体色调相协调。色彩的搭配可以影响人的视觉感受，合理的色彩搭配可以让服装更具吸引力。

最后要穿着舒适，服装面料的舒适度也是服装整体协调性的重要考虑因素。面料的柔软度、透气性、保暖性等都会影响穿着者的舒适感受。因此，在选择面料时，需要充分考虑穿着者的需求和穿着环境，以确保服装的舒适性和实用性。

总之，服装面料与服装整体的协调性是服装设计中不可忽视的一环。在选择面料时，需要综合考虑风格、色彩和舒适度等因素，以确保服装的整体美感、舒适性和实用性。

## 6.2.3 服装面料与辅料的匹配

服装面料与辅料的匹配是服装设计中至关重要的环节，它关系到服装的整体美感、舒适性和功能性。

首先，服装面料和辅料在风格上应该保持协调。如果服装整体风格是复古的，那么辅料如纽扣、拉链、花边等也应该选择具有复古感的款式和材质。同样，如果服装风格是现代简约的，辅料也应该简洁大方，避免过于烦琐。

其次，服装面料和辅料的色彩搭配也是需要注意的。一般来说，辅料的颜色应该与面料的主色调相协调，或者采用对比色来突出视觉效果。但是，无论采用何种搭配方式，都需要避免色彩过于杂乱，以保持整体的美感和和谐。

最后，服装面料和辅料在功能上也需要相互匹配。例如，如果服装需要具有防水功能，那么面料应该选择防水材质，而辅料如拉链、纽扣等也应该选择具有防水性能的款式。同样，如果服装需要具有保暖功能，那么面料和辅料都应该选择具有保暖功能的材质。

总之，服装面料与辅料的匹配是服装设计中不可忽视的一环。在选择和搭配服装面料和辅料时，需要综合考虑风格、色彩和功能等因素，以确保服装的整体美感、舒适性和功能性。

## 6.2.4 着装者的角色和身份

着装者的角色和身份在服装设计中起着极其重要的作用，它们直接决定了服装的选择、款式、面料以及整体风格。

职业身份是决定穿着者所需服装类型和功能性的关键。例如，医生、厨师、律师或办公室职员等职业，都有各自特定的着装要求。医生需要穿着易于清洁和消毒的手术服或白大褂，厨师需要穿着舒适、耐油污的制服，律师和办公室职员则更倾向于穿着正式、专业的服装。

年龄和性别也是影响着装选择的重要因素。不同年龄段的人对服装的需求和审美有所不同，例如，年轻人可能更倾向于时尚、前卫的服装，中老年人则更注重舒适和经典款式。性别也决定了服装的款式、颜色和图案等，以符合男性和女性的审美及穿着习惯。

穿着者的个性和喜好也是影响服装选择的重要因素。有些人喜欢简约、低调的服装风格，有些人则喜欢张扬、独特的款式。了解穿着者的个性喜好，有助于设计出更符合他们需求的服装。

穿着者的文化和习俗也会影响其服装选择。不同国家和地区的文化、习俗都有所不同，这决定了人们对服装的审美和穿着习惯。设计师需要了解不同文化背景下的服装需求和风格，以确保设计的服装能够适应各种文化背景。

总之，穿着者的角色和身份是服装设计中不可忽视的因素。通过深入了解穿着者的职业、年龄、性别、个性、喜好以及文化和习俗等信息，设计师才能设计出更符合穿着者需求的服装，实现服装与人的完美融合。

## 6.2.5　穿着的地点和场合

穿着的地点和场合对个人的着装选择有着深远的影响。在不同的场合和地点，通常需要根据相应的规则和社会习惯来选择合适的服装，以展示穿着者的尊重、专业性和个人风格。

不同的地点对服装的要求也有所不同。例如，公务场合通常要求穿着正式、端庄的服装，以展示专业和尊重，多以正式的衬衣、西装为主，避免过于花哨或夸张的款式。

## 6.2.6　流行因素

服装流行的因素多种多样，它们共同影响着时尚趋势的发展和变化。

首先，流行服装常常受到社会文化的影响，包括时代特征、不同群体的审美观念以及社会价值观等。社会文化因素影响着人们的需求和喜好，从而推动流行趋势的产生和变化。

其次，媒体对服装流行有着重要的影响力。通过电视、互联网、社交媒体等渠道，媒体可以迅速传播时尚信息，影响人们的审美观念和消费选择。

最后，消费者需求是时尚趋势的最终决定因素。消费者的年龄、性别、职业、审美等因素都会影响他们的审美观念和消费选择。因此，了解消费者需求是时尚品牌和设计师制定营销策略和产品设计的重要依据。

## 6.2.7　价格因素

对于大众消费者而言，价格是大众购买服装的重要影响因素之一。过于昂贵的服饰，更多的品牌的溢价值，并不适合普通大众；但过于低廉的材料，虽然降低了服装的成本，但也可能无法满足设计要求和品质标准，从而影响产品的市场竞争力，甚至造成资源浪费。

因此，在选择面料时，需要进行充分的市场调查和研究。通过深入了解不同面料的性能、价格、流行趋势以及目标消费群体的需求，找到合理的成本效益比，用合理的成本制作出既符合设计要求又具有市场竞争力的服装。这样，不仅能够为消费者提供物有所值的产品，而且能够实现资源的有效利用和环境的可持续发展。

# 任务6.3 不同类别的服装面料选配

日常生活中,根据人体结构,人们常穿的款式类别有上装、下装和连衣裙。上装以外套、卫衣、T恤为主,下装以裙、裤、裙裤为主。人们会根据不同的场合、心情以及天气的变化选择不同的服装搭配。其中,服装面料作为服装材料的主要组成部分,不同的面料有着不同的外观特征,在色彩、图案、表面肌理、光泽、质地等方面给人不同的感觉。因此,面料的不同会影响到服装的设计风格和穿着需求。例如,色彩方面,红色会让人产生热情、温暖、喜庆的感觉;绿色如流动舒展般的生命,充满生机;蓝色会令人感觉到清净、理智和高冷。光泽方面,光泽感好的面料给人华丽和富贵的感觉,如中式婚服多采用光泽感好的服装面料;光泽感弱的面料给人淳朴和稳重的感觉。

## 6.3.1 外套

正装类服装秀场图

日常生活中,常见的外套有正装、大衣、夹克。

### 6.3.1.1 正装

在比较正式的场合,常常会在邀请函上看到"请正装出席"的提示。正装通常指的是西装或套装,具有端庄、优雅、线条简洁、轮廓分明的特点(图6-1)。然而近年来,正装逐渐向简单、轻便、舒适、美观、大方和实用转变,正式中又带着平易近人的亲和感。在色彩方面,正装颜色统一,多为淡雅的蓝色、灰色、黑色、白色等。在材质方面,男士西装多采用毛料

图6-1 女西装

或毛涤混纺为主，春秋季节适合选择哔叽、麦尔登等面料，夏季可以选择轻薄柔软的精纺面料和手感爽滑、透气性好的波拉呢面料，冬季适合选择保暖厚实的面料，如双面华达呢、羊绒织物等；女士西装在此基础上，面料的选择更多样化和个性化，如色彩鲜艳的粗花呢和法兰绒等。

正装通常会搭配一些简单的装饰品，如丝巾、领带、胸针等，增添整体造型的精致感。

### 6.3.1.2　大衣

大衣（图6-2）的种类繁多，多用于秋冬季节。根据长短可以分为长大衣、中长大衣以及短大衣。材质方面，一般会采用具有良好保暖性、抗皱性的面料，如羊绒、羊毛、羊驼毛等。大衣不像正装那样正式，带有休闲、时尚的特点，简洁利落的裁剪体现恰到好处的松弛感，因此在面料的选择上比较多样。如采用貂皮、狐皮等面料制作大衣尽显高档，温柔、贵气、蓬松的毛皮包裹女性能展示其娇俏、富贵的特点；采用羊皮、牛皮、猪皮等皮革面料制作大衣自带一股英姿飒爽的感觉；采用华夫格这类粗中有细的法式小方格面料制作大衣，则能体现良好的质感和肌理感。日常生活中，人们还常选用腰带、项链、围巾等饰品与大衣进行搭配。

大衣类服装秀场图

图6-2　大衣

### 6.3.1.3　夹克

夹克一词来源于英文（jacket），一般指较为轻便的短上衣（图6-3）。夹克款式多样，常采用翻领、立领、对襟，多用暗扣或拉链，便于工作和活动，很符合现代人的着装习惯，已经成为人们日常生活中的常用服饰。夹克用材灵活，有皮夹克、牛仔夹克、运动夹克等。皮夹克采用动物皮制成，有着保暖、透气、耐脏的特点，穿着显

图6-3 夹克

得干练且帅气;牛仔夹克采用牛仔面料制成,有着粗犷的休闲感;运动夹克,为了适应人们运动时户外环境的多变,在面料选择上一般都选用具有良好的防风性和防水性的面料,更体现功能性。

## 6.3.2 内衣

内衣主要分为贴身内衣和功能性内衣。

### 6.3.2.1 贴身内衣

贴身内衣作为当代女性的必备品,其选择一般有两大类。一类为普通贴身内衣(图6-4),以追求舒适为主,面料多采用棉,具有柔软、舒适、吸湿、透气的特点。这类内衣强调舒适度和耐穿性,因此面料还会采用锦纶或涤纶。另一类为高档贴身内衣(图6-5),追求高级与美感,一般采用缎类织物,具有柔软、光滑且美观的特点,

图6-4 普通贴身内衣　　　　　　图6-5 高档贴身内衣

也会采用质地较密的绸类,具有细密、耐用的特点。近几年来,内衣面料中还会添加一定含量的氨纶,增加弹性、保形性和耐用性。

### 6.3.2.2 功能性内衣

近年来,人们致力于研究一些具有特殊功能的内衣,如塑身内衣、抗菌内衣等。随着人们对自身健康关注度的提高,为了更好地保护和矫正人体脊柱,塑身内衣得以发展。这类内衣一般会选取高弹力且透气的面料,进行科学的剪裁从而符合人体的结构。抗菌内衣采用具有抗菌功能的特殊面料制作,不仅能保持整洁,而且能阻止细菌繁殖,降低疾病传播的风险。这类内衣采用莫代尔、氨纶、锦纶为材料,经过科学处理,对金黄色葡萄球菌、白色念珠菌、大肠杆菌可以做到全天候的高效杀菌,具有极好的抑制和杀灭各类细菌的能力,从而起到保护人们身体健康的作用。

## 6.3.3 下装

裙装秀场图

下装主要分为裙装和裤装。

### 6.3.3.1 裙装

在日常生活中,裙装受到很多女性的喜爱。无论是随风飘动的裙摆,还是展现女性姣好身材的剪裁手法,裙装往往能体现女性对美的追求,以及展现自我态度。裙装的面料选择受到款式、风格、季节、年龄等的影响,因此有着多种选择。

**(1)高档裙装面料**

根据面料的厚度不同,高档裙装面料又分为轻薄类面料和厚实类面料。轻薄类面料如乌干纱面料,为透明或半透明的轻纱,表面平滑且硬挺,具有轻薄透亮的视觉效果,给人一种梦幻的感觉。轻薄类面料中的雪纺面料,学名为"乔其纱",又称"乔其绉",有着质地轻薄、手感柔爽、垂坠性良好等特点。这类轻薄的高档面料突出女性美感,适合多种款式,特别是摆幅较大的裙装(图6-6)。厚实类面料如羊绒面料,具有良好的柔软性和保暖性。再如各类精、粗纺花呢面料,有着挺括、保暖的特点,适合A字裙、筒裙等摆幅较小的裙装(图6-7)。

图6-6 轻薄类面料的裙装

## （2）中档裙装面料

常见的中档裙装面料有棉、麻等天然面料。其中亚麻面料是夏季裙装常用的面料之一，有着透气、干爽的特点，还有牛仔布（图6-8）、灯芯绒等这类厚实一些的面料。

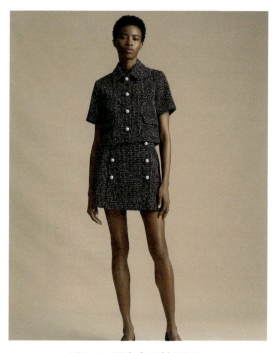

图6-7　厚实类面料的裙装

图6-8　牛仔裙

## （3）低档裙装面料

常见的低档裙装面料有聚酯纤维、人造棉等。其中聚酯纤维就是常见的涤纶、涤棉混纺等，这类面料容易闷热且不透气。

裤装秀场图

### 6.3.3.2　裤装

裤装（图6-9）有着利落、方便、得体的特点。尤其是在办公室或者休闲旅行时，裤装往往不仅能体现气质，而且能方便人们活动。通常情况下，裤装要求具有一定的保形性和良好的抗勾丝性。人们常穿的休闲裤一般会选用牛仔布，有着质地紧密、耐磨、不易缩水的特点。正式的西裤常用纯羊毛精纺面料或纯羊毛粗纺面料。纯羊毛精纺面料有质地轻薄、光滑且光泽柔和的特点，通

图6-9　裤装

常用于制作春、夏季的西裤。纯羊毛粗纺面料大多较厚实，有着手感温和、挺括且富有弹性的特点，多用于制作秋、冬季节的西裤，起到保暖御寒的作用。工作裤多用卡其布这类涤纶面料，卡其布是一种由棉、毛、化学纤维等混纺而成的织品，有着手感厚实、挺括耐穿但不耐磨的特点。用于健身的裤装则需要根据不同的运动选取合适的面料。例如瑜伽裤、健美裤、体操裤这类需要采用有较好弹性的面料，包括涤纶、氨纶、锦纶等。涤纶是一种化学纤维，有着良好的耐磨性、抗皱性和快干性；氨纶有着出色的弹性；锦纶具有轻盈性和优秀的耐磨性，十分适合运动裤。

## 思考题

1. 服装面料选配的基本要求是什么？
2. 不同款式的服装对面料有什么要求？
3. 服装面料选配的方法具体有哪些？

## 项目练习

1. 不同的面料、材质、_____、_____等，都会直接影响到服装的视觉效果、穿着体验以及文化内涵。
2. 在选择服装材料时，需要综合考虑____、____、____、耐用性以及价格等多个因素。
3. 根据人体结构，人们常穿的款式类别有____、____和____。
4. 假设有位滑雪爱好者想要去北方滑雪场滑雪，他应该选择什么样的服装面料？

# 项目 7
# 服装辅料

| **教学内容** | 服装里料；服装衬料；服装垫料；服装絮填料；服装系扣材料；服用缝纫线；服用商标标识；服用装饰辅料。 |

| **知识目标** | 掌握服装辅料的基本概念、分类和作用；熟悉各种辅料的性能特点、使用条件和适用范围；了解辅料与服装面料之间的匹配关系；掌握辅料在服装中的装饰性和功能性的应用。 |

| **能力目标** | 能够根据不同的设计和制作需求选择合适的辅料；能运用新型辅料或创新搭配方式，创造出具有独特风格的服装作品。 |

| **思政目标** | 培养环保意识和社会责任感；弘扬传统文化和民族精神；培养审美观念和艺术素养。 |

服装辅料是服装制作中不可或缺的一部分,它们与服装面料一起构成了完整的服装产品。服装辅料与面料一样,辅料的功能性、实用性、装饰性、舒适性、经济性、耐用性等直接关系到服装的结构、工艺、质量以及价格。服装辅料一般可以分为服装里料、服装衬料、服装垫料、服装絮填料、服装系扣材料、服用缝纫线、服用商标标识、服用装饰辅料八个主要部分。

在选择服装辅料时,需要考虑其性能、颜色、质地、安全性等因素,以确保服装辅料与服装面料的搭配和协调,同时满足服装的功能性和审美性需求。

# 任务7.1 服装里料

服装里料是指服装最里层用来部分或全部覆盖服装面料或衬料的材料,通常称为"里子布"或"夹里布"。服装里料一般用于中高档服装、有填充料的服装以及面料需要支撑的服装等。服装里料可使服装保持挺括的自然状态而提高服装的档次,减少摩擦,便于穿脱,同时可以起到保护服装、增强保暖性等的作用。只有选用合适的服装里料,才能充分衬托出服装整体的视觉效果。

## 7.1.1 服装里料的作用

服装里料在服装制作中扮演着重要的角色,其作用主要体现在以下几个方面。

（1）增强服装的保暖性

带里料的服装多了一层材料,可以提供一个额外的保温层,阻挡外界寒冷空气的进入,从而保持人体的温度。

（2）保护服装面料

里料的存在可以减少面料与内衣或其他物品的摩擦,从而防止面料受损或起毛。同时,里料还可以防止面料直接接触汗水或其他液体,保持面料的清洁和干燥。

（3）改善服装的可穿性

光滑、柔软的里料可以减小服装与其内层其他服装间的摩擦,使服装更易于穿脱,并且不易在穿脱中变形受损。

（4）改善服装外观

里料可以对服装的内部结构进行支撑和固定,提高服装的抗变形能力,能够减少服装的起皱现象，使服装保持挺括和平整，不易变形（图7-1）。

图7-1　某品牌2023年高级成衣

### （5）提高服装档次

里料可以部分或全部覆盖服装缝份和毛边等不需要暴露在外的部分，使服装外观光洁且平整，同时里料的使用可以增加服装的厚重感和质感，使服装看起来更加高档和精致。

### （6）增强服装的舒适性

选择合适的材质、厚度、质量、弹性和伸缩性、透气性以及摩擦性等方面的里料，可以有效地增强服装的舒适性，提高穿着者的穿着体验。

## 7.1.2　服装里料的种类及其特点

服装里料的种类繁多，分类方法也有所不同，一般根据里料所用原料、加工工艺、服装材料组织和后处理工艺等进行分类。

### 7.1.2.1 根据里料所用原料分类

根据里料所用原料可以将里料分为天然纤维里料、化学纤维里料、混纺与交织里料等。

**（1）天然纤维里料**

天然纤维里料是指使用天然纤维材料制成的服装里料，常见的天然纤维里料包括棉、麻、丝和毛等。这些天然纤维具有优良的透气性、吸湿性、保暖性和舒适性等特点，因此在服装制作中得到了广泛应用。

棉布里料是最常见的天然纤维里料之一，它具有柔软、透气、吸湿性好等特点，适合用于夏季服装和需要高度透气性的服装（图7-2）。麻布里料具有凉爽、透气、抗菌、防螨等特点，适合用于夏季服装和需要高度透气性的服装。真丝里料具有柔软、光滑、保暖性好等特点，适合用于高档服装和需要良好保暖性的服装。毛质里料具有保暖性好、柔软、舒适等特点，适合用于冬季服装和需要高度保暖性的服装。

天然纤维里料相比化学纤维里料具有更好的透气性和吸湿性，能够更好地保持服装内部的舒适度和干爽度。此外，

图7-2　纯棉里料

天然纤维里料还具有无毒无害性，对皮肤友好，不会引起过敏等优点。因此，在选择服装时，可以考虑选择使用天然纤维里料的服装，以获得更加健康、舒适和环保的穿着体验。

**（2）化学纤维里料**

化学纤维里料是指使用化学纤维材料制成的服装里料。与天然纤维里料相比，化学纤维里料具有一些独特的优势和特点。首先，化学纤维里料具有较好的耐磨性、耐洗性、易干性和不易变形等特点。这使得它在制作需要经受频繁洗涤和穿着的服装时非常有用，如运动服、工作服等。其次，化学纤维里料的生产成本相对较低，因此价格通常较为亲民。这使得它在大众市场的服装制作中得到了广泛应用。此外，化学纤维里料还具有丰富的品种和多样的性能，可以根据不同的需求进行选择。

涤纶丝里料具有较高的强度与弹性恢复能力，坚牢耐用，挺括抗皱，洗后免烫，吸水性较小，缩水率较小，熨烫后尺寸稳定，不易变形，色牢度较好，具有良好的服用性。涤纶丝里料的不足之处是透气性差，易产生静电，悬垂性一般，但通过整理可以得到一定的改善。目前，涤纶丝里料在中档服装中得到广泛应用。

锦纶丝里料耐磨性强，手感柔和，弹性及弹性恢复性很好，吸湿透气性优于涤纶，但在外力作用下易变形，耐热性和耐光性均较差，使用中易沾油污，缝制时易脱

线，布面不平挺，舒适性不如涤纶。主要代表品种有尼丝纺，用作登山服、羽绒服、运动服等服装里料。

醋酯丝里料（图7-3）表面光滑柔软，具备高度黏附性能和舒适的触摸感觉。由于色彩光泽晶亮、静电小而受到女式高档时装、礼服设计师的推崇。

总体来说，化学纤维里料在服装制作中发挥着重要作用，具有独特的优势和特点。在选择服装时，消费者可以根据自己的需求和偏好选择，以获得更加舒适、实用和经济的穿着体验。

（3）混纺与交织里料

混纺里料是指将化学纤维与天然纤维按照一定比例混合纺制而成的里料。这种里料通常结合了不同纤维的优点，如耐磨性、吸湿性、保暖性等，使得混纺里料在性能上更加全面。常见的混纺里料有涤棉混纺里料、锦纶混纺里料等。涤棉混纺里料结合了涤纶的耐磨性和棉质的吸湿性，使得服装既耐穿又舒适。锦纶混纺里料具有优异的弹性和耐磨性，适合用于制作运动服等需要高度弹性的服装。

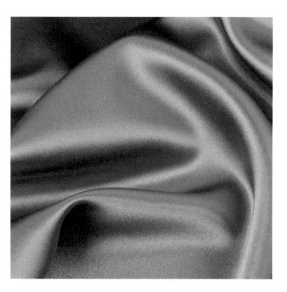

图7-3　醋酯丝里料

交织里料是由两种或两种以上不同纤维的纱线交织而成的里料。这种里料在织造过程中通过不同纤维的交织组合，可以产生丰富的纹理和外观效果。交织里料通常具有较好的透气性和柔软性，使得服装穿着更加舒适。常见的交织里料有棉麻交织里料、丝毛交织里料等。棉麻交织里料结合了棉质的吸湿性和麻质的透气性，适合用于夏季服装。丝毛交织里料结合了丝质的柔滑和毛质的保暖性，适合用于制作高档的冬季服装。

### 7.1.2.2　根据加工工艺分类

根据加工工艺可以将里料分为活里、死里、全夹里、半里等。

（1）活里

活里是指里料与面料之间采用可拆卸的连接方式，通常通过纽扣、拉链、魔术贴等配件进行连接。这种工艺方式使得里料可以方便地拆卸和更换，方便清洗和保养，同时可以根据不同的季节和穿着需求进行替换。

（2）死里

死里是指里料与面料之间采用固定的连接方式，如缝制、黏合等，无法拆卸。这种工艺方式使得里料与面料之间更加牢固，不易分离，具有较好的保暖性和耐久性。

（3）全夹里

全夹里是指服装内部完全由一层或多层里料覆盖，与外部面料形成夹层，以增强服装的保暖性、舒适性和耐用性。全夹里的使用常见于冬季服装，如大衣、风衣、羽绒服等。

**（4）半里**

半里在服装制作中指的是一种局部使用里料的方式。这种方式通常是在服装的某些部位，如领子、袖口、下摆或前门襟等处使用里料，而其他部位不使用里料或使用不同材质的里料。这种工艺方式的目的通常是为了节省成本、减轻服装重量或展示特定的设计效果。

### 7.1.2.3 根据服装材料组织分类

根据服装材料经纬纱的交织规律，可以将里料分为平纹里料、斜纹里料、缎纹里料和提花里料等。不同的交织方式赋予了里料不同的外观和性能特点。在选择里料时，需要根据服装的设计要求、功能需求和消费者的穿着体验来综合考虑。现在应用最为广泛的是平纹里料。

### 7.1.2.4 根据后处理工艺分类

根据后处理工艺可以将里料分为原色里料、染色里料、印花里料、涂层里料和色织里料等。

**（1）原色里料**

原色里料保持了纤维或纱线本身的颜色，未经染色处理，通常具有自然、质朴的外观，适合追求简约、环保的服装风格。

**（2）染色里料**

染色里料是经过染色工艺浸染、轧染等方式处理，呈现出特定的颜色。它可以根据设计需求进行色彩搭配，使服装内外颜色和谐统一或形成对比效果。

**（3）印花里料**

印花里料是在里料表面印制图案或花纹，具有装饰性和艺术性。印花里料广泛应用于时尚、休闲等服装中，为服装增添亮点和个性。

**（4）涂层里料**

涂层里料是在里料表面涂覆一层或多层特殊材料，形成具有防水、防风、透气等功能的涂层。常用于户外服装、雨衣等需要特殊防护性能的服装中。

**（5）色织里料**

色织里料采用色织工艺生产，即先将纱线染色后再进行织造。色织里料颜色鲜艳、色牢度高、不易褪色，且布料颜色渗透性极好。

## 7.1.3 服装里料的选用

在进行服装里料的选配时，应综合考虑里料和面料的性能、色彩、价格、耐用、舒适、环保等因素，通过合理的选择，可以确保服装里料与面料的匹配性，提高服装的整体质量和穿着体验。以下是服装里料选用的几项原则。

**（1）里料与面料性能的匹配**

里料的性能应与面料的性能相适应。考虑因素包括缩水率、耐热性能、耐洗涤、里料的厚薄、质量等。例如，如果面料是化学纤维，里料也应选择化学纤维以保持相似的性能。

**（2）里料与面料色彩的协调**

里料的色彩通常应与面料的色彩相协调，一般情况下，里料的颜色不应深于面料。颜色的一致性或对比可以影响服装的整体美观（图7-4）。

图7-4　某品牌马衔扣格纹羊毛夹克

**（3）里料与面料的价格匹配**

里料的选择还应考虑成本因素。天然纤维里料通常价格较高，而化学纤维里料则相对便宜。根据产品定位和市场需求，选择成本效益高的里料。

**（4）里料的耐用性和舒适性**

里料应具有一定的耐磨性和耐久性，以确保服装的使用寿命。化学纤维里料如涤纶、锦纶等通常具有较好的耐磨性；里料应柔软、透气、吸湿，以确保穿着时的舒适性。天然纤维里料如棉、麻、丝等通常具有较好的舒适性，化学纤维里料则可能产生静电等问题。

**（5）里料与面料裁剪加工配伍**

里料与面料相对应的裁片应均沿经向、纬向或斜向裁剪，使用方法需要统一，这样服装在穿着过程中受力、延伸、悬垂等性能不会受到较大的影响，服装也能够保持良好的外观形态。

**（6）里料的环保性和可持续性**

在选择里料时，还应考虑其环保性和可持续性。优先选择可再生、可回收或对环境友好的材料，以减少对环境的影响。

# 任务7.2　服装衬料

服装衬料又称衬布，通常用于面料与里料之间，多用于服装的前身、肩、胸、领、袖口、腰口、门襟等部位，起着衬托、完善服装塑型或辅助服装加工的作用。它是服装的"骨骼"，可以保证服装的造型美，适应体型、身材，增加服装的合体性。同时，它还可以掩盖体型的缺陷，对人体起到修饰作用。另外，服装衬料可以提升服装穿着的舒适性，提高服装的服用性能和使用寿命，并能改善加工性能。

## 7.2.1　服装衬料的作用

衬料的作用是衬托面料，使面料既有硬挺度又有随动性，既便于服装加工，又利于提高服装外观效果。衬料在服装中主要有以下五个方面的作用。

**（1）保持服装的结构形状和尺寸稳定**

服装衬料可以起到支撑和衬托的作用，使服装保持一定的形状和轮廓，不易变形或扭曲。这有助于保持服装的美观度和穿着效果。在服装易受拉伸的部位，如服装的前襟和袋口、领口，穿着时易受拉伸而产生变形，用衬后会使面料不易被拉伸，可保持服装形状和尺寸的稳定。所以，在服装加工过程中，在门襟、袖笼、领窝等部位使用衬料，可保持服装结构的稳定。另外，衬料的使用也可使服装洗涤后不易变形。

**（2）辅助服装的加工**

服装衬料在服装加工过程中也起着重要的作用，如定位、固定、隔热等。在服装的折边如袖口、下摆边以及袖口叉、下摆叉等处，用衬可使折边更加清晰、笔直、折线分明，既增加美观性又确保缝纫的准确性和精确度。同时，使用合适的衬料可以使缝纫过程更加顺畅，减少操作难度和时间，提高生产效率。

### （3）提高服装的质感

服装衬料可以增加服装的质感和层次感，使服装看起来更加高档和精致。优质的衬料往往具有细腻的质地和柔软的触感，能够显著提升服装的整体品质感。

### （4）掩盖体型缺陷和修饰身材

通过选择合适的衬料类型和厚度，可以在视觉上调整身材比例，掩盖体型缺陷，使穿着效果更加美观。例如，对于胸部较低或肩部倾斜的问题，可以使用适当的衬料进行修饰和调整。

### （5）提高服装的保暖性

衬料可以增加服装的厚度和质量，提高服装的保暖性能。还有一些特殊的衬料，如羽绒衬、保暖棉等，具备一定的保温性能。

## 7.2.2 服装衬料的种类及其特点

### 7.2.2.1 服装衬料的种类

服装衬料的种类繁多，分类的方法也很多，大致有以下几种。

① 按衬料的使用原料，可以分为棉衬、麻衬、毛衬（黑炭衬、马尾衬）、化纤衬（树脂衬、黏合衬）和非织造衬等（表7-1）。

表 7-1 服装衬料的种类

| 衬料名称 | | 系列 |
|---|---|---|
| 棉衬 | | 软衬（未上浆） |
| | | 硬衬（上浆） |
| 麻衬 | | 纯麻衬 |
| | | 混纺麻衬 |
| 毛衬 | 黑炭衬 | 硬挺型衬 |
| | | 薄软型衬 |
| | | 夹织布型衬 |
| | | 类炭衬 |
| | 马尾衬 | 普通马尾衬 |
| | | 包芯马尾衬 |

续表

| 衬料名称 | | 系列 |
|---|---|---|
| 化纤衬 | 树脂衬 | 纯棉树脂衬 |
| | | 涤棉混纺树脂衬 |
| | | 纯涤树脂衬 |
| | 黏合衬 | 机织黏合衬 |
| | | 针织黏合衬 |
| | | 非织造黏合衬 |
| 非织造衬 | | 一般非织造衬 |
| | | 水溶性非织造衬 |
| | | 非织造黏合衬 |

② 按衬料的适用对象，可以分为衬衣衬、外衣衬、裘皮衬、鞋靴衬、丝绸衬、绣花衬等。

③ 按衬料的使用方式和部分，可分为衣衬、胸衬、领衬、腰衬、折边衬、牵条衬等。

④ 按衬料的厚薄和质量，可分为厚重型衬（160g/m² 以上）、中型衬（80~160g/m²）与轻薄型衬（80g/m² 以下）。

⑤ 按衬料的加工和使用方式，可分为黏合衬和非黏合衬。

⑥ 按衬料的基布，可分为有纺衬（机织衬、针织衬）和无纺衬（非织造衬）。

### 7.2.2.2 常见服装衬料的特点

#### （1）棉衬、麻衬

棉衬采用较细棉纱织成本白棉布，加浆料的衬为棉硬衬，不加浆料的衬为棉软衬。棉软衬手感柔软，用于挂面、裤腰或与其他衬搭配，以适应服装各部位用衬软硬和厚薄变化的要求。

麻衬（图7-5）采用麻或麻的混纺，用平纹组织织成。对于麻衬，由于麻纤维强度大，具有较好的弹性与硬挺度，所以常用作普通衣料的衬布，如中山装等。

由于棉衬、麻衬质地厚重，易起皱、易缩水，目前已很少使用。

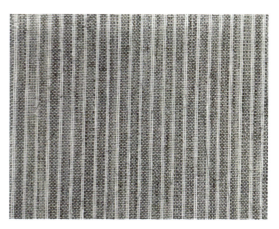

图7-5　麻衬

### （2）毛衬

毛衬包括黑炭衬和马尾衬。

① 黑炭衬。黑炭衬以棉或棉混纺纱为经纱，以动物性纤维（牦牛毛、山羊毛、人发等）与棉或人造棉混纺纱为纬纱加工成基布，再经树脂整理和定形加工制成（图7-6）。因为布面中夹杂黑色毛纤维，故称黑炭衬。一般黑炭衬的纬向弹性好，经向悬垂性好，常用于大衣、西服、礼服、职业装、制服、服装的前身、胸、肩、驳头、袖等部位，使服装具有丰满、挺括的造型。

② 马尾衬。马尾衬以马尾鬃作纬纱，以棉或涤棉混纺纱为经纱织成基布，再经定形和树脂加工而成（图7-7），一般是手工织成。由于马尾长度有限，所以马尾衬的幅宽窄，产量小。现在采用包芯纱技术，用棉纱缠绕马尾，使马尾连接起来。用这种包芯马尾纱织成的马尾衬，可以使马尾衬的幅宽不受马尾长度的限制，并且可以机织。这种马尾衬也称夹织黑炭衬，较普通黑炭衬更富有弹性。主要用于高档服装的胸衬。

图7-6　黑炭衬

图7-7　马尾衬

### （3）树脂衬

树脂衬是一种在服装制作中广泛使用的衬料，以其高弹性、硬挺度和较小的缩率而著称。树脂衬广泛应用于各类服装中，特别是一些需要硬挺度和支撑性的服装部位，如领子、袖口、裙摆等。它适合各种面料，如棉、麻、丝、化纤等，能够提供稳定的支撑和保持服装的形状。树脂衬也常用于制作西装、大衣、风衣等正式场合的服装，以满足其硬挺度和耐久性的要求。根据基布的不同，树脂衬分为纯棉树脂衬、涤棉混纺树脂衬和纯涤树脂衬三种。

① 纯棉树脂衬。纯棉树脂衬既有纯棉的柔软、吸湿和透气性能，又具有树脂的高弹性、硬挺度和较小的缩率。薄软型树脂衬主要用作薄型、柔软的毛、丝、混纺及针织服装的衣领、上衣前身及大衣（全夹里）的衬料；中厚型树脂衬主要用作厚型大

衣、学生服的前身、衣领等部位及裤腰和腰带等的衬料。

② 涤棉混纺树脂衬。涤棉混纺树脂衬具有耐磨抗皱、尺寸稳定、弹性好、硬挺度好和耐水洗等特点。它适合各种服装制作，特别是一些需要耐磨、抗皱和硬挺支撑性的部位，如西装、大衣、风衣等。其中，薄中软型树脂衬主要用作女装、童装等夏令服装的衬料，以及大衣、风衣的前身、驳头等部位的衬料；中厚较硬型树脂衬主要用作风衣、雨衣、西服、大衣的前身、衣领、口袋、袖口，以及夹克衫、工作服等的衬料；中厚特硬型树脂衬主要用于生产各类腰衬、嵌条衬等。

③ 纯涤树脂衬。纯涤树脂衬除具备一般树脂衬的特点外，还具备极强的弹性和易干的性能。它主要用于制作高档T恤、西装、风衣、大衣等。

（4）黏合衬

黏合衬又称热熔点黏合衬布，是在基布上经热塑性热熔胶涂布加工后制成的衬。使用时，将黏合衬裁剪成样片需要的形状，在一定的温度、压力、时间条件下，使有热熔胶的一面与服装面料的反面黏合，从而使服装挺括、美观而富有弹性。按黏合衬基布种类，可分为机织黏合衬、针织黏合衬和非织造黏合衬等。

① 机织黏合衬。机织黏合衬（图7-8）采用机织工艺将黏合剂涂抹在基布上，使其与面料黏合后具有一定的硬挺度和稳定性。因机织黏合衬的基布价格高于针织基布和非织造基布，故多用于中高档服装。

② 针织黏合衬。针织黏合衬是一种专门用于针织面料的黏合衬料。与机织黏合衬不同，针织黏合衬采用针织工艺制作，使其更适合与针织面料相结合。针织黏合衬在服装制作中起到了增加面料厚度、提高挺括度和稳定性的作用。

③ 非织造黏合衬。非织造黏合衬也称无纺衬（图7-9），它主要由非织造基布和热熔胶组合制成。它以质量轻、缩率小、强度高、耐水洗性好、价格较低、使用方便等特点而受到广泛应用。根据衬布的用途和要求，分为永久黏合型、暂时黏合型和双面黏合型三种。除此之外，还有常用在刺绣服装制作中的水溶性非织造黏合衬。

图7-8 机织黏合衬

图7-9 非织造黏合衬

### （5）非织造衬

非织造衬与织造衬相比，具有生产流程短、生产成本低、用途广泛等优点。非织造衬通常由化学纤维经过一定的工艺加工而成，具有柔软、透气、耐水洗等特点。非织造衬根据加工和使用性能大致分为以下三类。

① 一般非织造衬。一般非织造衬是最早使用的非织造衬，即直接用非织造布作为衬布，现在仍用于针织服装、休闲类服装等。一般非织造衬常用的纤维有黏胶纤维、丙纶、涤纶和再生涤纶。

② 水溶性非织造衬。水溶性非织造衬又叫绣花衬布，是由水溶性纤维和黏合剂制成的特殊非织造衬。水溶性非织造衬的主要原料为聚乙烯醇纤维。水溶性非织造衬的主要性能是溶解性溶解温度≥90℃，溶解时间为1min，不溶物含量为零。

③ 非织造黏合衬。在前面黏合衬处有详细说明。

## 7.2.3　服装衬料的选用

服装衬料的选用是服装制作过程中的重要环节，它对于提高服装的质量和外观效果具有至关重要的作用。以下是一些关于服装衬料选用的建议。

① 根据面料类型选择衬料。不同的面料需要不同类型的衬料。例如，对于丝绸、羊毛等柔软面料需要选择柔软、透气的衬料，而对于棉质、麻质等较粗糙的面料则可以选择较粗糙、硬挺的衬料。

② 根据服装部位选择衬料。不同的服装部位需要不同类型的衬料。例如，对于领子、袖口、袋口等需要硬挺、不易变形的部位可以选择硬挺度较高的衬料，而对于腰部、臀部等需要柔软、舒适的部位则可以选择柔软、透气的衬料。

③ 考虑服装的用途和穿着场合。服装的用途和穿着场合也会影响衬料的选择。例如，对于正式场合穿着的服装需要选择较高质量的衬料，以提高整体的档次和舒适度；而对于运动装等需要高度透气性和弹性的服装则需要选择相应的衬料。

④ 注意衬料的质量和环保性。选用优质的衬料可以提高服装的质量和舒适度，同时需要考虑衬料的环保性，选择无毒、无害、可降解的环保材料。

表7-2为常规服装不同部位用衬类别及其主要用途。

表 7-2　常规服装不同部位用衬类别及其主要用途

| 服装类别 | 用衬部位 | 用衬类别 | 主要用途 |
| --- | --- | --- | --- |
| 西服、套装、商务夹克、制服、大衣等 | 前身、挂面、后身、驳头、门襟等 | 麻衬、黑炭衬、黏合衬 | 保形 |
| | 袋口、嵌条、袋盖、袖口、贴边、开衩、袖窿 | 机织或针织黏合衬、非织造黏合衬 | 保形，满足工艺需求 |
| | 止口、贴边 | 双面黏合衬 | 便于折叠 |
| | 挺胸衬、驳头、盖肩衬 | 黑炭衬、马尾衬、麻衬 | 使服装造型饱满、贴合人体 |

续表

| 服装类别 | 用衬部位 | 用衬类别 | 主要用途 |
|---|---|---|---|
| 西裤、裙子、牛仔裙、休闲裤、运动裤 | 腰面、腰里 | 机织黏合衬、非织造黏合衬、树脂衬 | 保形 |
| | 门里襟、袋口、小件 | 非织造黏合衬、机织黏合衬 | 保形 |
| 男衬衫、女衬衫 | 领面 | 机织黏合衬、树脂衬 | 保形 |
| | 门里襟、袖口、袋口、小件 | 非织造黏合衬 | 保形 |
| 工装、运动装、罩衫、休闲夹克 | 领、门里襟、袖口、袋口、小件 | 机织黏合衬、非织造黏合衬 | 补强 |
| 刺绣服装、刺绣花边、刺绣蕾丝 | 刺绣部位 | 水溶性非织造黏合衬 | 保形 |

# 任务7.3 服装垫料

服装垫料是一种在服装制造中广泛使用的材料，主要用于增加服装的立体感、舒适度和结构支撑。垫料一般位于服装的面料和里料之间，通过对特定部位的加厚或塑形，以达到改善服装外观和穿着效果的目的。

## 7.3.1 服装垫料的作用

服装垫料的作用大致可以归纳为以下几个方面。

（1）增加服装的立体感

垫料可以在服装的特定部位增加厚度，从而使服装呈现出更丰富的层次感和立体感。例如，肩垫可以使肩部看起来更宽阔，胸垫可以使胸部看起来更丰满，领垫则可以使领子更加挺括。

（2）提高服装的舒适度

垫料可以增加服装的柔软度和舒适度，使穿着更加舒适自然。特别是在内衣、鞋等贴身衣物中，垫料的作用尤为重要。通过使用柔软的垫料，可以减少穿着者的不适感，提高穿着体验。

**（3）提供结构支撑**

垫料可以用于支撑服装的某些部位，如领子、袖口等，使其保持形状，不易变形（图7-10）。通过使用垫料，可以增加服装的结构稳定性，使其更加耐穿耐用。

**（4）修饰和美化服装**

通过在腰部、臀部等部位使用垫料，可以使服装更加贴合身形，展现出更好的身材曲线（图7-11）。同时，垫料还可以通过色彩、图案等设计元素来美化服装，增加其时尚感和美观度。

图7-10　垫料提供结构支撑

图7-11　垫料修饰和美化服装

## 7.3.2　服装垫料的种类及其特点

服装垫料的种类繁多，根据使用部位和功能的不同，可以分为肩垫、胸垫、领垫、臀垫等多种类型。

（1）肩垫

肩垫主要用于增加肩部的宽度和立体感，使服装更加挺括、美观。常见的肩垫有针刺肩垫、定型肩垫和海绵肩垫等。其中，针刺肩垫（图7-12）耐洗、耐热压烫、经久耐用，常用于高档西服和职业服装；定型肩垫有弹性、易造型、耐洗，形状和品种多，适用于各种时装；海绵肩垫（图7-13）则具有弹性好、制作方便、价格低等优点。

图7-12　针刺肩垫

图7-13　海绵肩垫

（2）胸垫

胸垫主要用于女性内衣、胸衣和泳衣中，以增加胸部的丰满度和立体感，使女性服装更加贴身美观（图7-14）。常见的胸垫有海绵胸垫、硅胶胸垫等。其中，高档面料的胸垫多用马尾衬加填充物做成，具有更好的塑形和支撑效果。

（3）领垫

领垫主要用于支撑和美化领子部位，使领子更加挺括、美观。常见的领垫有海绵领垫、麻布领垫等。领垫的形状和厚度可以根据不同的服装款式和领子设计进行调整。

此外，还有一些其他类型的服装垫料，如臀垫、膝垫、腰垫等，主要用于增加服装在特定部位的厚度和舒适度。因此，各种服装垫料都有其独特的特点和适用场景，选择合适的垫料可以提高服装的整体质量和穿着体验。同时，垫料的选择也需要考虑服装的设计要求、面料特性以及穿着者的需求等因素。

图7-14　胸垫

### 7.3.3　服装垫料的选用

在选用服装垫料时，需要考虑多个因素以确保垫料与服装的整体设计、功能和使用寿命相匹配。以下是一些选用建议。

（1）垫料与面料的匹配性

垫料应与服装的面料相协调，以确保整体外观的美观性。对于厚重的面料，如法兰绒等应使用较厚的垫料；对于轻薄的面料，如丝织物等适合使用轻柔的垫料。

（2）垫料的性能要求

根据服装的使用功能和穿着者的需求，选择适合的垫料。对于需要经常清洗的服装应选择耐水洗的垫料；对于需要保持形状的服装，应选择保形能力好的垫料。

（3）垫料的舒适度

垫料应具有良好的舒适度，以确保穿着者的穿着体验。例如，内衣等贴身衣物应使用柔软、透气的垫料，以减少对皮肤的刺激。

（4）垫料的耐久性

垫料应具有一定的耐久性，以确保在服装的使用寿命内不易损坏。在选择垫料时，可以考虑其耐磨性、抗老化性能等因素。

（5）垫料的安全性

垫料应符合相关的安全标准和环保要求，以确保穿着者的健康和安全。例如，避免使用含有有害物质的垫料，选择通过环保认证的垫料。

## 任务7.4　服装絮填料

服装絮填料是一种用于填充服装内部空间的材料，通常用于增加服装的保暖性、柔软度和立体感。与服装垫料不同，絮填料通常填充在整个服装内部，而不是局限于某些特定部位。

常见的服装絮填料包括天然纤维和化学纤维。天然纤维如棉花、羽绒、羊毛等具有良好的保暖性和透气性，被广泛用于制作冬季服装。化学纤维如聚酯纤维、聚丙烯纤维等则具有较好的柔软度和耐洗性，适用于制作日常穿着的服装。

## 7.4.1 服装絮填料的作用

服装絮填料在服装制作中扮演着重要的角色,通过增加服装的保暖性、柔软度、立体感和耐用性,以及提供特殊功能,为穿着者带来更好的穿着体验。服装絮填料的主要作用有以下几点。

**(1)增加服装的保暖性**

这是絮填料最基本的功能。通过在服装内部填充絮填料,可以有效地阻挡外部冷空气,保持服装内部的温度,从而使穿着者感到温暖。

**(2)提高服装的柔软度**

许多絮填料,尤其是天然纤维制成的絮填料,如棉花和羽绒,都具有非常好的柔软性。这种柔软性不仅可以提高服装的穿着舒适度,而且可以使服装更具质感。

**(3)增加服装的立体感**

通过在服装内部填充适当的絮填料,可以使服装看起来更加饱满,增加服装的立体感(图7-15),这对于一些需要展现立体效果的服装设计来说非常重要。

图7-15 服装内部填充羽绒起到增加服装立体感的作用

**(4)增强服装的耐用性**

一些高质量的絮填料,如聚酯纤维,具有很好的耐磨性和抗皱性,可以在一定程度上增强服装的耐用性。

#### （5）具有特殊功能性

除了上述基本功能外，一些特殊的絮填料还具有其他功能，如吸湿、透气、防热辐射、卫生保健等。这些特殊功能可以满足不同的穿着需求，提高服装的实用性和舒适性。

## 7.4.2　服装絮填料的种类及其特点

服装絮填料的种类繁多，每一种都有其独特的特点和应用场景。表7-3是常见的服装絮填料及其特点。

表7-3　常见的服装絮填料及其特点

| 服装絮填料 | 特点 |
| --- | --- |
| 棉花 | 这是一种非常常见的服装絮填料，以其松软保暖、吸湿透气、穿着舒适、价格低廉等特点而广受欢迎。棉花絮填料适合各种服装，特别是婴幼儿服装及中低档服装。然而，棉花弹性较差，受压后弹性和保暖性会降低，水洗后易变形 |
| 羽绒 | 羽绒是防寒服的主要絮填料，以鸭绒和鹅绒最为常见。羽绒具有轻、柔、软、松以及弹性好、保暖性极佳的特点，穿着舒适，是制作冬季滑雪衫、羽绒服、羽绒被等的高档天然填充料。羽绒的缺点是易受潮，且需要特殊的清洗和保养 |
| 动物绒 | 常用的动物绒有羊毛与骆驼绒，保暖性很好，且因绒毛表面有鳞片，所以易毡化。为了防止毡化，应混入一些表面较光滑的化学纤维 |
| 天然毛皮 | 其皮板密实挡风，而绒毛中又存有大量的空气，因此保暖性很好。普通的中低档毛皮仍是高档防寒服装的絮填料 |
| 化学纤维 | 近年来化学纤维在服装絮填料中的应用越来越广泛。例如，腈纶棉是用腈纶纤维加工而成的片状絮填料，保暖性好，可单独裁剪，不易变形，且易洗易晒，但其耐热性和透气性较差 |
| 丝绵 | 丝绵是由茧丝或剥取蚕茧表面的乱丝整理而成的，具有纤维长、弹性好、蓬松轻柔、保暖性能好的特点。但丝绵价格较高，且不可水洗，多用于高档棉服和丝绸棉服 |
| 泡沫塑料 | 泡沫塑料有许多储存空气的微孔，轻而蓬松保暖。用泡沫塑料作絮填料的服装，挺括而富有弹性，裁剪加工也较简便，价格便宜。由于它不透气，穿着舒适性差，容易老化发脆，故未被广泛采用 |

## 7.4.3　服装絮填料的选用

在选用服装絮填料时，需要考虑以下几个关键因素。

#### （1）保暖性

根据服装的设计目的和穿着环境，选择保暖性能良好的絮填料。例如，羽绒因其卓越的保暖性能常被用于制作冬季服装。

#### （2）柔软度与舒适性

絮填料的柔软度和舒适性对穿着体验至关重要。天然纤维如棉花和羽绒通常具有较好的柔软性和舒适性，而一些化学纤维也可能通过特殊的加工处理达到类似的效果。

#### （3）耐用性和保持形状的能力

絮填料需要具有一定的耐用性，能够在多次洗涤和使用后仍然保持其原有的形状和性能。一些高质量的化学纤维絮填料在这方面表现良好。

#### （4）透气性和吸湿性

良好的透气性和吸湿性可以帮助调节穿着者的体温和湿度，提高穿着的舒适性。一些天然纤维如棉花和羽绒在这方面具有优势。

#### （5）成本

不同种类的絮填料在价格上有很大的差异。在选择时，需要根据服装的定位和预算来权衡。

#### （6）环保性和安全性

应确保所选用的絮填料符合相关的环保标准，不含有害物质，对人体安全无害。

综合考虑以上因素，可以根据具体的服装设计和市场需求，选择合适的服装絮填料。同时，随着科技的进步，新型的絮填料也在不断涌现，为服装设计提供更多的可能性。

## 任务7.5 服装系扣材料

服装系扣材料是指在服装设计和制作过程中，用于连接、固定或调整服装部件的材料，此外还具备一定的装饰作用。服装系扣材料主要包括纽扣、拉链、绳带、挂钩、环和搭扣等。在选择服装系扣材料时，需要考虑服装的款式、面料、风格以及使用场合等因素。例如，对于高级时装，可以选择精致的金属纽扣或隐形拉链；而对于运动服装，可以选择耐用且易于操作的塑料纽扣或尼龙搭扣。

## 7.5.1 服装系扣材料的作用

服装系扣材料在服装中扮演着至关重要的作用。以下是它们的主要功能。

（1）连接和固定

系扣材料如纽扣、拉链和搭扣等，主要用于连接和固定服装的不同部分，如领口、袖口、门襟等。它们能确保服装的各个部分能够紧密地连接在一起，保持服装的完整性和造型。

（2）调节尺寸和适应性

一些系扣材料，如弹性绳、抽绳和调节扣等，允许穿着者根据自己的需要调整服装的尺寸和松紧度。这种适应性使得服装更加贴合穿着者的身体，提高舒适性和穿着体验。

（3）装饰和美化

系扣材料也是服装设计中重要的装饰元素。精美的纽扣、独特的拉链或别致的搭扣等，都可以为服装增添独特的风格和个性。它们不仅起到实用作用，还成为服装外观的亮点，吸引人们的目光。

（4）方便穿脱

系扣材料的设计通常考虑到穿脱的便捷性。例如，拉链和搭扣等易于操作的系扣材料使得穿着者能够轻松地穿上或脱下服装，特别是在紧急情况下，如火灾或急救时，易于迅速解开。

综上所述，服装系扣材料在服装中起着连接固定、调节尺寸、装饰美化和方便穿脱等多重作用。它们不仅是服装功能性的重要组成部分，而且是提升服装美观度和穿着体验的关键因素。

## 7.5.2 服装系扣材料的种类及其特点

服装系扣材料的种类丰富多样，每种材料都有其独特的特点和应用场景。以下是一些常见的服装系扣材料及其特点。

### 7.5.2.1 纽扣

纽扣是闭合和开启服装的扣件，主要用于服装上衣的门襟、袖口、下装的腰部、门襟等处，方便服装的穿脱。纽扣除了连接功能外还具有装饰功能，对服装的造型设计起到画龙点睛的作用。

纽扣

（1）按纽扣大小分类

纽扣大小可以用#来表示，人们常见的纽扣大小有#平排等。它的换标公式为：直径=型号×0.635（mm）。如果手里有一粒纽扣，但不知它的型号大小，就可以用卡尺量出它的直径（mm）再除以0.635即可。

### （2）按纽扣材料分类

用于制作纽扣的材料有很多种，如金属、贝壳、宝石、树脂、木质等。表7-4为常见纽扣的材料类别及特点。

表7-4  常见纽扣的材料类别及特点

| 纽扣的材料类别 | 样品 | 特点 |
| --- | --- | --- |
| 金属纽扣 |  | 通常由铜、铁、不锈钢、铝等金属材料制成，外观看起来比较高端大气，具有坚固耐用的特点。其中，铜纽扣和黄铜纽扣有较好的韧性和耐腐蚀性；铁纽扣相对经济实惠；不锈钢纽扣常用于户外服装，其韧性和耐腐蚀性都非常好 |
| 贝壳纽扣 |  | 用贝壳制成，有珍珠般的光泽，耐高温洗熨。但质地硬脆易损。一般贝壳纽扣用于男女衬衫、贴身内衣，染色贝壳纽扣用于高档时装 |
| 木质纽扣 |  | 用桦木、柚木经切削加工制成。给人以真实、朴素的感觉，自然大方。缺点是吸水后会膨胀，再次干燥后又可能开裂、变形等。多运用在麻类面料和素色的休闲服装 |

续表

| 纽扣的材料类别 | 样品 | 特点 |
| --- | --- | --- |
| 塑料纽扣 | | 由塑料材料制成，如聚酯树脂或聚丙烯等。塑料纽扣通常颜色鲜艳、价格便宜，而且比较轻便，因此常用于运动服装、T恤等衣物上 |
| 珠子纽扣 | | 是一种由珠子或珠片制成的纽扣。它们通常用于装饰和点缀衣物，增加服装的美感和时尚感 |
| 布质纽扣 | | 用各种布料、革料包覆缝制而成，如包扣、盘扣等。可使服装高雅而协调，但表面易磨损。多用于旗袍、唐装等传统中式服装等 |

### （3）按纽扣的结构分类

① 有眼纽扣。有眼纽扣也被称为四眼纽扣（图7-16）或两眼纽扣（图7-17），是一种在中间有孔洞的纽扣。这种设计使得它可以配合线或带使用，以便将纽扣固定在衣物上。有眼纽扣在服装制作中非常常见，特别是在需要调节松紧度或连接不同部分的服装中。

图7-16　四眼纽扣

图7-17　两眼纽扣

② 有脚纽扣。有脚纽扣如图7-18所示，也称为带脚纽扣或钉脚纽扣，是一种特殊的纽扣类型。与常规纽扣不同，有脚纽扣在纽扣的主体部分延伸出一些小脚或钉脚，这些脚可以穿过衣物的布料，然后通过熨烫、缝制或其他方式固定在衣物上，无须额外打孔或线缝。

③ 揿扣。揿扣，也称为按扣，是一种由两部分组成的纽扣。其中一部分是凸起的扣头，另一部分是凹进的扣眼。当两部分按在一起时，它们会互相锁定，形成一个结实的连接。揿扣分为子母扣（图7-19）、四合扣（图7-20）、五爪扣（图7-21）和大白扣（图7-22）等。揿扣通常用于连接服装的不同部分，如外套的领口、袖口、裙子的侧缝等。

图7-18　有脚纽扣

图7-19　子母扣　　　　　　　　图7-20　四合扣

图7-21　五爪扣　　　　　　　　图7-22　大白扣

④ 编结纽扣。编结纽扣是一种手工编织的纽扣，属于中国结的一种（图7-23）。它通常使用彩色的线或绳子，通过编织特定的结形来形成纽扣的主体部分。编结纽扣具有独特的纹理和外观，可以用于装饰衣物或作为衣物的一部分。

图7-23　编结纽扣

#### 7.5.2.2　拉链

拉链

拉链，也称为拉锁，是一种由两条带上各有一排金属齿或塑料齿组成的扣件，用于连接开口的边缘（如衣服或袋口），有一个滑动件可将两排齿拉入连锁位置使开口封闭。它依靠连续排列的链牙，使物品合并或分离，大量用于各类服装中。拉链按使用材料分为金属拉链、尼龙拉链和塑料拉链三种。

**（1）金属拉链**

金属拉链（图7-24）由金属链条和滑动头组成。常见的金属拉链制作材料有铜、铝、锌合金等。金属拉链坚固耐用，能够承受较大的拉力和摩擦力，滑动顺畅，适用于各种高要求的场合，如外套、牛仔裤等。但金属拉链的缺点是易受腐蚀，容易生锈，需要定期清洗和维护。

图7-24　金属拉链

**（2）尼龙拉链**

尼龙拉链（图7-25）由尼龙链条和滑动头组成，具有轻巧、柔软、耐腐蚀等特点，而且制作成本较低，使用寿命相对较短。尼龙拉链广泛应用于服装、箱包等领域，特别适合运动服装和休闲装。此外，尼龙拉链还有防水、耐磨损等特性，能很好地适应各种户外环境。

图7-25　尼龙拉链

**（3）塑料拉链**

塑料拉链（图7-26）的链牙和滑块都是由塑料制成的，具有轻便、柔软、耐用、成本低等优点，常用于衣服、包、鞋类拉链。但其强度相对较低，可满足轻型

图7-26　塑料拉链

物品的连接需求，不适合用于重型物品的连接。

### 7.5.2.3 其他系扣材料

#### （1）气眼

气眼（图7-27），也称为鸡眼或气眼扣，是一种用于固定或调节服装部分的纽扣孔或金属环。常见的气眼系扣材料包括金属、塑料和树脂等。需要注意的是，气眼系扣材料安装时需要专用的工具。

图7-27 气眼

#### （2）松紧带

松紧带（图7-28），也称为弹力线或橡筋线，是一种具有伸缩性的材料。它具有较好的弹性和耐用性，常用于内衣、裤子、婴儿服装、毛衣、运动服、孕妇装、婚纱礼服、T恤、帽子、胸围、口罩等产品中。需要注意的是，虽然松紧带具有许多优点，但在使用过程中也需要注意其适用性和安全性。例如，在婴幼儿和儿童服装中，过紧的松紧带可能会对婴幼儿和儿童的血液循环及身体健康造成危害。因此，在设计和生产这些产品时，需要特别注意合理提高服装中应用松紧带的部位压力舒适性。

图7-28 松紧带

#### （3）系扣件

系扣件主要指在服装上相互连接的扣件。常见的有裤扣、对扣、葫芦扣、日字扣、插扣、各式环扣等（图7-29~图7-32）。

其他系扣材料

图7-29 裤扣

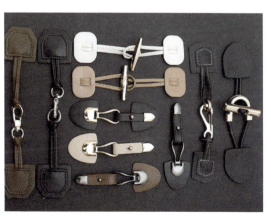

图7-30 对扣

图7-31 葫芦扣、日字扣

图7-32 插扣

## 7.5.3 服装系扣材料的选用

服装系扣材料的形式、种类很多，在选择上应考虑以下因素。

（1）服装的种类与用途

男装、女装、童装在选用系扣材料时侧重点是不同的，一般男装侧重强度，女装侧重装饰，童装则侧重安全性。不同季节的服装对系扣材料的要求也不同，春、夏装要求轻便，重装饰性，秋、冬装则考虑要使服装更保暖，因而更多地采用拉链、绳带，以防止服装开合处空气的对流。风雨衣的系扣材料要求防水。

（2）服装的造型设计

系扣材料具有较强的装饰性，是一种造型的手段，同时对面料等其他材料的造型也具有辅助作用，它的选用必须为服装造型设计服务。另外，系扣材料本身也具有流行性，对于这一点选用时也应该予以足够的重视。

（3）服装材料的特点

一般厚重的面料应选用大号的系扣材料，轻而柔软的面料则应选用轻巧的系扣材料。松结构的面料不宜配用钩环，以免损伤衣料；起毛织物和毛皮材料服装应尽量避免使用刚性系扣材料。

（4）使用部位与开启形式

如系扣部位在背后，应注意操作简便。如服装的系扣处无叠门，则不宜钉扣和开扣眼，应考虑拉链或钩袢。

（5）生产效率与设备因素

有些系扣材料是用手工缝合在服装上的，有些是用机缝或机器铆合上的，不同应用方式所需要的设备条件不同，生产效率也不同，所以选用时要综合考虑，不可忽视效率和设备因素。

（6）服装的保养方式

服装不同的保养方式对系扣材料有不同的要求，选用时也应注意。水洗服装要注意系扣材料是否褪色、生锈，干洗服装要注意系扣材料是否溶于干洗剂（如四氧乙烯、苯、丙酮等）。

总之，在选用服装系扣材料时，需要综合考虑耐用性、美观性、舒适性和功能性等因素，以选择最适合的材料来提升服装的品质和用户体验。

## 任务7.6　服用缝纫线

缝纫线是指用于缝合各种服装材料的线，具有实用与装饰双重功能。它是服装的主要辅料之一，其质量的好坏不仅影响缝纫效果及加工成本，也影响成品外观质量。因此，在选择缝纫线时，需要根据不同的服装材料和缝制要求，选择适合的缝纫线类型和规格。

### 7.6.1　服用缝纫线的作用

（1）连接作用

缝纫线能够将服装的各个部分牢固地连接在一起，确保服装的完整性和稳定性。无论是缝合衣片、连接不同材质的布料，还是固定各种装饰物，缝纫线都发挥着至关重要的连接作用，确保衣物与装饰品的稳固与美观。

（2）加固作用

缝纫线需要具备足够的强度和耐久性，以确保服装在使用过程中不易出现断线、脱线等问题。只有缝纫线牢固可靠，才能保证服装的耐用性和使用寿命。

（3）缝合作用

缝纫线通过针和缝纫机的配合，将布料缝合在一起，形成服装的各个部分。合适的缝纫线能够使缝合后的线迹平整、美观，提高服装的整体品质。

（4）装饰作用

缝纫线不仅具有实用功能，还具有装饰作用。通过选择不同的缝纫线颜色和材质，可以为服装增添独特的风格和特色。同时，精美的线迹和缝合工艺也可以提升服装的档次和吸引力。

总之，缝纫线是服装制作中不可或缺的重要材料之一，其连接、加固、缝合和装饰作用对于服装的品质和外观效果具有重要影响。

## 7.6.2 服用缝纫线的种类及其特点

缝纫线的种类繁多,按原料可分为天然纤维缝纫线、化学纤维缝纫线及混合缝纫线三大类。以下是一些常见的缝纫线种类及其特点。

### 7.6.2.1 天然纤维缝纫线

**(1)棉缝纫线**

棉缝纫线(图7-33)以棉花为原料制成,具有强力较高、伸长率低、耐热性好、缝纫性能稳定等特点。它适用于各种棉布服装和针织服装的缝纫,特别是需要高温熨烫的服装。

图7-33　棉缝纫线

**(2)蚕丝线**

蚕丝线(图7-34)由蚕丝制成,具有极好的光泽和强度,弹性和耐磨性均优于棉线。它适用于各类丝绸服装、高档呢绒服装以及毛皮与皮革服装的装饰绣品等。

### 7.6.2.2 化学纤维缝纫线

**(1)涤纶缝纫线**

涤纶缝纫线(图7-35)是目前最常用的缝纫线之一,具有强度高、弹性好、耐磨、缩水率低、回潮率低等特点。它适用于牛仔、运动装、皮革制品、汽车座椅的缝制以及毛料和军服等的缝制。

图7-34　蚕丝线

**(2)锦纶(尼龙)缝纫线**

锦纶(尼龙)缝纫线强伸度好,耐磨性好,色泽鲜艳,弹性好,其断裂强度高于同规格棉线的3倍。它适用于缝制化学纤维、呢绒、皮革及弹力服等面料。

**(3)维纶缝纫线**

维纶缝纫线具有强度高、线迹平稳等特点。它适用于缝制厚实的帆布、家具

图7-35　涤纶缝纫线

布、劳保用品等。

**（4）腈纶缝纫线**

腈纶缝纫线主要用作装饰线和绣花线，纱线捻度较低，染色鲜艳。

#### 7.6.2.3　混合缝纫线

**（1）涤棉缝纫线**

涤棉缝纫线（图7-36）由涤纶和棉纤维混纺制成，具有涤纶和棉线的优点，如强度高、耐磨性好和缩水率低等。它适用于全棉、涤棉等各类服装的缝制。

**（2）包芯线**

包芯线由两种或多种纤维组合而成，具有高强度和良好的可缝性，适用于高速缝纫并需高强度的服装。

图7-36　涤棉缝纫线

### 7.6.3　服用缝纫线的选用

选择缝纫线时应使服装面料、缝纫设备和缝纫线之间有很好的配伍，发挥其缝合、加固、连接和装饰服装的作用，因此，应注意以下几方面的问题。

**（1）缝纫设备**

要使缝纫线迹良好，一方面缝纫设备应处于良好的状态，另一方面应注意缝纫设备对线的要求。机针与缝线的配伍，一般来说粗针配粗线，细针配细线，才能使线迹稳定，不致脱针；设备与缝线的配伍，一般平缝机应选用S捻向的缝线，双针平缝机的两针应选用捻向相反的两种缝线，这样线迹才能平整。

**（2）面料性能**

缝纫线的选择必须与面料的性能相配伍，具体要考虑以下几个因素。

① 颜色。一般情况下，缝纫线的颜色应与面料的颜色一致，这是非常重要的，否则外露的缝线会破坏服装的美观性。如果是起装饰作用的缝线，颜色也应与面料的颜色协调。

② 厚度。一般情况下，厚料用粗线，薄料用细线。有的服装要突出缝线的装饰效果，可在薄料上应用粗线，但要注意避免缝线对面料的损伤。

③ 原料。不同原料的面料有不同的牢度和缩率等，一般情况下，缝线的原料与面料的原料一致较易取得协调的配伍。涤纶缝纫线有较大的牢度、较小的缩率和较好的弹性，容易与不同的面料配伍。

**（3）缝纫部位**

服装不同的部位受力情况不同，用于缝合的缝线也应有区别，否则会出现缝线崩断的现象。比如裤子的后裆缝、大腿缝，上衣的后背缝、后袖窿缝、后肩缝等都是受力较大的部位，应选用有较高强度的缝纫线，或者来回加固缝纫。

### （4）服装用途

对于一些特殊场合穿着的服装，缝线的选择也应有特殊的要求。比如，在需要阻燃、耐高温、防水等场合穿着的服装，所选的缝纫线也要有阻燃、耐高温、防水的性能。对于紧身内衣、体操服、游泳衣等弹性变形较大的服装，其缝线的弹性变形也要较大，否则，不是缝线崩断，就是服装无法穿着，会引起很大麻烦。

### （5）缝纫线标牌

在缝纫线的标牌上有一些标识有利于人们选择不同的缝线，如缝纫线的长度、细度（tex或支数等）、生产厂家、原料等。

## 任务7.7 服用商标标识

服用商标标识是品牌或企业为了让消费者识别和区分其产品而设计的一种标志性图案或文字。它不仅是品牌和企业形象的重要组成部分，也是消费者选择购买产品时的重要参考因素之一。服用商标标识通常包括品牌名称、标志、标志性图案、口号等元素。这些元素经过精心设计和组合，形成了独特的品牌形象和风格，有助于提升品牌知名度和美誉度。

### 7.7.1 服用商标标识的作用

服用商标标识的作用主要有以下几个方面。

#### （1）品牌识别与区分

商标标识是品牌或企业的独特标志，帮助消费者识别和区分不同的产品。这对于消费者在购买时做出选择非常重要。

#### （2）质量监督

商标标识也代表了产品的质量承诺。按照我国《商标法》的规定，商标使用者应对其使用的商标质量负责。如果消费者购买了质量低劣的产品，可以根据商标标识向消费者协会投诉，这就是法律监督的作用。同时，商标标识也是企业自身质量监督的体现，名牌商标的产生往往是多年坚持自身质量监督的结果。

### （3）指导消费和广告宣传

商标标识能够引导消费者购买。在市场上，具有良好信誉和知名度的商标往往代表着高质量的产品和服务。消费者在购买涉及服用的商品时，更倾向于选择那些具有知名商标的产品，因为这些产品通常经过严格的质量控制和市场检验。

商标标识同时也是广告宣传的重要手段。企业可以通过商标标识来宣传自己的产品和服务，提高品牌的知名度和美誉度。在广告宣传中，商标标识往往被放置在显眼的位置，以吸引消费者的注意力并激发其购买欲望。

## 7.7.2 服用商标标识的种类及其特点

服装中的标识在有些地区也称为"唛"。服装的主要标识如下。

### （1）商标

商标（main label）也称为织唛，主要用于领标、下装腰头和其他装饰部分。它是服装生产企业或经销企业专用于其生产的服饰上的标记，具有品牌识别的功能。商标的形式多样，可以是文字商标、图形商标，或者是文字和图形相结合的组合商标。

### （2）规格标

规格标（size label）是表示规格尺寸的标志（图7-37）。位置多在主标下或侧方，标明服装的尺码或号型等。规格标中XL、L、M、S、XS等，含义分别为加大、大、中、小、加小等，各自对应的规格尺寸有差异。这种标识对于消费者来说非常重要，因为它提供了关于衣物尺寸的关键信息，帮助消费者选择合适的尺码。

### （3）洗涤熨烫标

洗涤熨烫标（care label，wash label）用于指导用户正确对衣服进行洗涤和保养（图7-38）。洗涤熨烫标通常会缝制在后领中、后腰中主唛下面或旁边，或者是侧缝的位置。标明面料、里料、絮填料的成分组成，服装洗涤、熨烫等方面的注意事项。这种标识的特点是其通常包含详细的洗涤和保养说明，以确保消费者能够正确地洗涤和保养衣物。

图7-37　规格标

图7-38　洗涤熨烫标

**（4）吊牌**

吊牌（hang tag）主要用于展示品牌特点（图7-39）。多由纸质材料制成，以塑料钉或细线悬挂于服装上，印有货号、条形码、尺码、价格等及其他需向消费者说明的内容。

此外，根据商标的国际分类，可以分为商品商标和服务商标。商品商标主要用于标识商品的生产者或经营者，以便将他们的商品与其他人的商品区分开来。服务商标用于标识提供服务的经营者，以便将他们的服务与其他人的服务区分开来。这两种商标都可以由文字、图形、字母、数字、三维标志、声音和颜色组合等元素构成。

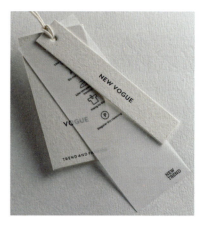

图7-39　吊牌

## 7.7.3　服用商标标识的选用

在选用服用商标标识时，需要考虑以下几个因素。

**（1）品牌定位**

商标标识应与品牌形象和定位相一致。不同的品牌定位需要不同的商标标识来体现其独特的风格和特点。例如，高端品牌可能需要更加精致和低调的标识，而年轻时尚的品牌则可以选择更加醒目和个性化的标识。

**（2）目标市场**

商标标识也需要考虑目标市场消费者的文化和消费习惯。在某些文化中，某些颜色或图案可能有特殊的含义或象征意义，因此需要避免使用可能引起误解或冒犯的标识。同时，也需要考虑目标市场的审美趋势，选择符合当地消费者喜好的标识。

**（3）标识的识别性和易读性**

商标标识应易于识别和阅读，避免使用过于复杂或模糊的图案或文字。标识的颜色和大小也需要考虑其在不同背景下的可见性和辨识度。

**（4）材质和工艺**

商标标识的材质和工艺也需要与品牌形象和产品品质相匹配。例如，高端品牌可能选择使用高级面料和精细工艺制作标识，运动品牌可能选择使用耐洗和耐磨的材料。

**（5）法律合规性**

选用商标标识还需要遵守相关法律法规和行业标准，确保标识的合法性和合规性。例如，商标标识需要注册并获得相应的法律保护，以避免侵权纠纷。

综上所述，选用服用商标标识需要考虑多个因素，包括品牌定位、目标市场、标识的识别性和易读性、材质和工艺以及法律合规性等。只有综合考虑这些因素，才能选用符合品牌形象和消费者需求的商标标识。

# 任务7.8 服用装饰辅料

服用装饰辅料是指在服装制作过程中,除了面料和主要结构部件外,用于增加服装美观性、功能性和舒适性的各种辅助材料。从服装辅料的发展趋势看,辅料在服装上的装饰效果将继续得到强调和展现,而环保功能、保健功能、阻燃功能等,将是服装辅料未来发展的主要潮流和趋势。通过合理的服装辅料搭配和选择,可以充分展现装饰性材料的装饰性能,并体现服装的流行趋势和设计理念。服用装饰辅料主要包括花边、流苏、拉链、纽扣、魔术贴、反光条等。评判服用装饰辅料的档次,主要依据装饰产品质量的好坏,以及装饰产品的流行趋势和设计师的设计理念。

## 7.8.1 服用装饰辅料的作用

服用装饰辅料在服装设计和制作中起着重要的作用,具体如下。

### (1)提高服装的美观度

装饰辅料可以为服装增添色彩、图案及装饰性细节,使服装更加美观和吸引人。这些辅料的设计和选择通常与服装的整体风格和主题相协调,从而增强服装的视觉效果。

### (2)增加服装的功能性

一些装饰辅料不仅具有装饰作用,还具备实际的功能性。例如,拉链可以使服装更易于穿脱;纽扣除了装饰作用外,还可以固定衣物;反光条可以在夜间或低光环境下提高穿着者的可见性,能减少交通事故的风险。魔术贴则便于穿脱和调整松紧,同时也增强了服装的灵活性和适应性。

### (3)增添服装的个性化

通过选择不同的装饰辅料,如饰品、嵌条、印标等,可以为服装增添独特的个性化和特色。这些辅料的选择和设计可以反映穿着者的品位和风格,使服装更具个性化和差异化。

## 7.8.2 服用装饰辅料的种类及其特点

服用装饰辅料是服装设计和制作过程中不可或缺的一部分,它们不仅能够增加服装的美观性和时尚感,还能提升服装的整体品质和附加值。以下是一些常见的服用装饰辅料及其特点。

### （1）花边

服用装饰辅料中的花边是一种精美的、具有艺术感的装饰元素，常用于服装的边缘和装饰部分（图7-40）。花边通常由柔软的材质制成，如蕾丝、棉线、麻线等，具有轻盈、透气、柔软的特点。花边的设计和图案各异，可以是简单的线条和几何图形，也可以是复杂的花卉和动物图案，能够为服装增添独特的美感和个性，增强服装的层次感和设计感。

花边在服装设计中的应用非常广泛，可以用于裙摆、袖口、领口、腰带等部位。花边可以与服装的主要面料相搭配，也可以作为独立的装饰元素使用。不同的花边材料和风格可以营造出不同的视觉效果，如浪漫、优雅、甜美等，使服装更加符合特定的主题和氛围。

图7-40　花边

在选择花边作为服用装饰辅料时，需要考虑花边的材质、颜色、图案和风格等因素。花边应与服装的整体风格和设计要求相协调，同时也要考虑花边的耐用性和成本等因素。例如，对于高档的礼服或婚纱等服装，可以选择精致的手工蕾丝花边；而对于日常穿着的服装，则可以选择更加经济实用的机织花边。

### （2）流苏

流苏是一种非常受欢迎的服用装饰辅料，以其独特的动感和飘逸感为服装增添了丰富的视觉效果和时尚感（图7-41）。流苏通常由柔软的材质制成，如丝线、棉线、麻线等，通过编织或缝制的方式固定在服装上。除此之外，也可以用珍珠、珠片等串连而成。

流苏的形态各异，可以是长条形的流苏穗，也可以是短小的流苏片，其长度和密度也可以根据需要进行调整。流苏的颜色和材质可以与服装的整体风格相协调，以营造出更加和谐的视觉效果。

在服装设计中，流苏通常用于裙摆、袖口、领口等部位，随着人体的走动，流苏会随风飘动，为服装增添了动感和活力。流苏也可以作为独立的装饰元素使

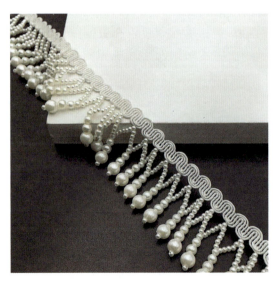

图7-41　流苏

用，如流苏耳环、流苏围巾等，能够为整个穿搭增添亮点。

与其他装饰辅料相比，流苏具有其独特的特点。首先，流苏的动感和飘逸感能够为服装增添更加生动和自然的视觉效果；其次，流苏的材质和颜色具有很大的变化空间，可以与不同的服装风格和主题相搭配；最后，流苏的制作成本相对较低，因此在服装设计中的应用也更加广泛。

（3）织带

在服装设计中，织带主要用于边缘装饰、腰带、挂带、领带等部位（图7-42）。通过巧妙地运用织带，可以为服装增添层次感和设计感。例如，在连衣裙的裙摆处添加一条与裙身颜色或图案相协调的织带，可以使裙子更加立体和动感。此外，织带还可以用于制作各种个性化的服装配件，如发带、手链等。

与其他装饰辅料相比，织带具有其独特的特点。首先，织带的质地柔软、轻盈，不会给服装带来过多的负担；其次，织带的颜色和图案丰富多样，可以根据需要进行定制，以满足不同服装风格和主题的需求；最后，织带的加工性能良好，可以通过缝制、编织等方式与服装面料相结合，实现多样化的设计效果。

图7-42 织带

（4）水钻

服用装饰辅料水钻是一种璀璨夺目的装饰元素，以其独特的光泽和质感为服装增添了高贵、华丽的气质（图7-43）。水钻通常由人造水晶或玻璃制成，经过精细的切割和打磨后，呈现出璀璨的光芒和闪耀的效果。

水钻在服装设计中的应用非常广泛，主要用于点缀和装饰服装的各个部位，如领口、袖口、裙摆等处。它们可以单独使用，也可以与其他装饰性辅料相结合，形成更加复杂和华丽的图案。水钻的大小、形状和颜色各异，可以根据需要进行定制，以满足不同服装风格和主题的需求。

（5）绣片

绣片通常由丝线、棉线等材质绣制而

图7-43 水钻

成，通过精细的绣制工艺，呈现出各种精美的图案和纹理（图7-44）。它可以用于服装的各个部位，如衣领、袖口、裙摆等处，形成具有立体感和层次感的装饰片。它可以与服装的主要面料相搭配，也可以作为独立的装饰元素使用。绣片的图案和色彩可以根据需要进行定制，以满足不同服装风格和主题的需求。

图7-44 绣片

## 7.8.3 服用装饰辅料的选用

在选用服用装饰辅料时，应综合考虑多个因素，以确保辅料与服装的整体风格和设计要求相协调，同时满足实用性和成本效益的需求。以下是一些选用装饰辅料的建议。

（1）考虑服装的设计风格和主题

不同的服装风格和主题需要不同的装饰辅料来衬托和强调。例如，优雅高贵的礼服可能适合使用水钻或精致的刺绣作为装饰；休闲舒适的日常服装可能更适合使用流苏或织带等轻松自然的装饰辅料。

（2）考虑装饰辅料的材质和质量

装饰辅料的材质和质量直接影响服装的外观和穿着体验。因此，在选用装饰辅料时，应关注其材质、手感、耐用性等方面，确保装饰辅料能够满足服装的需求，并与主要面料相协调。

（3）考虑装饰辅料的实用性和成本效益

在选用装饰辅料时，还需要考虑其实用性和成本效益。例如，一些装饰辅料虽然美观，但可能不太耐用或成本较高，因此需要根据实际情况进行权衡和选择。

（4）参考市场趋势和消费者需求

服装市场和消费者需求也是选用装饰辅料的重要参考因素。了解当前的市场趋势和消费者喜好，可以帮助设计师更好地选择符合市场需求和消费者喜好的装饰辅料。

### 思考题

1. 简述服装辅料的分类。
2. 简述服装里料的选用原则。
3. 服装衬料包括哪些种类？各有何特点？
4. 简述服用缝纫线的种类及选配原则。
5. 列举一套西装所选用的各种装饰辅料，并说明它们的作用。

### 项目练习

1. 黑炭衬属于（　　）。
    A. 毛衬　　　　　　　B. 麻衬
    C. 化纤衬　　　　　　D. 棉衬
2. 西服、套装、商务夹克、制服、大衣等止口、贴边部位适合用（　　）。
    A. 双面黏合衬　　　　B. 水溶性无纺衬
    C. 树脂衬　　　　　　D. 马尾衬
3. 根据加工工艺分类，服装里料可以分为＿＿＿、＿＿＿、＿＿＿、＿＿＿。
4. 服装辅料一般可以分为＿＿＿、＿＿＿、＿＿＿、＿＿＿、＿＿＿、＿＿＿、＿＿＿、＿＿＿八个主要部分。
5. 服装垫料主要依据其在服装上的用途及使用垫料的部位进行分类，主要包括＿＿＿、＿＿＿和＿＿＿。
6. 服装的主要标识有＿＿＿、＿＿＿、＿＿＿、＿＿＿。
7. 纽扣按照结构分类包括哪些种类？各有何特点及其适用性？
8. 在选用服装絮填料时，需要考虑哪几个因素？
9. 简要分析服用装饰辅料的作用、种类及其特点。

# 参考文献

[1]王革辉.服装材料学.3版[M].北京：中国纺织出版社，2020.

[2]陈丽华.服装材料[M].北京：北京理工大学出版社，2020.

[3]刘旭，刘思如，刘丰溢.服装材料与设计基础[M].北京：北京理工大学出版社，2022.

[4]谢琴，孟祥令，张岚，等.服装材料设计与应用[M].北京：中国纺织出版社，2015.

[5]肖琼琼，罗亚娟，汤橡，等.服装材料学[M].北京：中国轻工业出版社，2015.

[6]陈东生.服装材料学[M].北京：化学工业出版社，2014.

[7]刘淑强，吴改红.常用服装辅料[M].上海：东华大学出版社，2015.

[8]汪秀琛.服装材料基础与应用[M].北京：中国轻工业出版社，2012.

[9]刘国联.服装材料学[M].上海：东华大学出版社，2011.

[10]张怀珠，袁观洛，王利君.新编服装材料学.4版[M].上海：东华大学出版社，2017.

[11]吴微微.服装材料学 基础篇.2版[M].北京：中国纺织出版社，2016.

[12]李正，徐崔春，李玲，等.服装学概论[M].北京：中国纺织出版社，2014.

[13]薛飞燕，乔燕.服装材料与应用[M].北京：北京理工大学出版社，2019.

[14]邓鹏举，李安，戴文翠.服装材料与应用设计[M].北京：化学工业出版社，2021.

[15]朱远胜.服装材料应用[M].上海：东华大学出版社，2021.

[16]钟安华.服装面料学[M].上海：东华大学出版社，2018.

[17]汪秀琛，刘哲.现代服装材料基础与应用[M].北京：中国纺织出版社，2022.

[18]余晓红.服装材料识别与应用[M].上海：东华大学出版社，2022.

[19]滑钧凯.服装整理学[M].北京：中国纺织出版社，2013.

[20]沈雁.服装材料[M].上海：东华大学出版社，2020.

[21]倪红，姜淑媛，余艳娥.服装材料学[M].北京：中国纺织出版社，2016.